河南省工程建设标准

河南省建筑工程施工质量评价标准

Henan Province evaluating standard for quality of building engineering

DBJ41/T 257-2021

主编单位:河南省建筑科学研究院有限公司
郑州市工程质量监督站
批准单位:河南省住房和城乡建设厅
施行日期:2021 年 11 月 1 日

U0343504

黄河水利出版社
2021　郑州

图书在版编目（CIP）数据

河南省建筑工程施工质量评价标准/河南省建筑科学研究院有限公司,郑州市工程质量监督站主编. —郑州:黄河水利出版社,2022.3

（河南省工程建设标准）

ISBN 978-7-5509-3250-0

Ⅰ.①河…　Ⅱ.①河…②郑…　Ⅲ.①建筑工程-工程质量-评价-标准-河南　Ⅳ.①TU712.3-65

中国版本图书馆 CIP 数据核字（2022）第 043987 号

出　版　社:黄河水利出版社
　　　　地址:河南省郑州市顺河路黄委会综合楼 14 层　邮政编码:450003
发行单位:黄河水利出版社
　　　　发行部电话:0371-66026940、66020550、66028024、66022620(传真)
　　　　E-mail:hhslcbs@126.com
承印单位:郑州豫兴印刷有限公司
开本:850 mm×1 168 mm　1/32
印张:4
字数:100 千字
版次:2022 年 3 月第 1 版　　　印次:2022 年 3 月第 1 次印刷

定价:38.00 元

河南省住房和城乡建设厅文件

河南省住房和城乡建设厅
关于发布工程建设标准《河南省建筑工程施工质量评价标准》的通知

各省辖市、省直管县(市)和住房城乡建设局(委),郑州航空港经济综合实验区规划市政建设环保局,各有关单位:

由河南省建筑科学研究院有限公司和郑州市工程质量监督站主编的《河南省建筑工程施工质量评价标准》已通过评审,现批准为我省工程建设标准,编号为 DBJ41/T 257-2021,自 2021 年 11 月 1 日起在我省施行。

此标准由河南省住房和城乡建设厅管理,技术解释由河南省建筑科学研究院有限公司和郑州市工程质量监督站负责。

河南省住房和城乡建设厅

2021 年 9 月 24 日

前　言

本标准是根据《河南省住房和城乡建设厅〈关于印发 2018 年第二批工程建设标准编制计划的通知〉》（豫建设标〔2018〕29 号）文件的要求，由河南省建筑科学研究院有限公司和郑州市工程质量监督站等单位共同编制完成的的。

在编制过程中依据国家相关法律、法规和有关规定，在广泛调查研究并认真总结实践经验的基础上，结合河南省实际情况，制定本标准。

本标准共 11 章和 8 个附表，主要内容包括：总则、术语、基本规定、地基与基础工程质量评价、主体结构工程质量评价、屋面工程质量评价、装饰装修工程质量评价、安装工程质量评价、建筑节能工程质量评价、工程质量管理标准化评价、施工质量综合评价。

本标准由河南省住房和城乡建设厅负责管理，由河南省建筑科学研究院有限公司和郑州市工程质量监督站负责具体技术内容的解释。在执行过程中，如发现需要修改和补充之处，请将有关意见和建议及时函告河南省建筑科学研究院有限公司（地址：郑州市丰乐路 4 号，邮编：450053，电话：0371 - 68665979，邮箱：hnjkyzxy@163.com）。

主编单位：河南省建筑科学研究院有限公司
郑州市工程质量监督站
参编单位：河南省建设工程质量监督总站
河南三建建设集团有限公司
河南正阳建设工程集团有限公司
深圳瑞捷工程咨询股份有限公司
河南五建建设集团有限公司
泰宏建设发展有限公司

郑州万科企业有限公司

河南四建集团股份有限公司

方大国际工程咨询股份有限公司

河南省基本建设科学实验研究院有限公司

中建八局第二建设有限公司

本标准主要起草人员： 潘玉勤　张　艳　曾繁娜　郭士干
李新爱　李　英　张　超　彭　刚
王克阁　郑　委　张海民　赵维林
黄新华　孙宝珊　李守坤　成　斌
张　驰　赵军生　张　晖　李永明
陈　航　郭冰冰　秦　俭　许春雪
何方方　陶玮琦　崔朋勃　焦　震
何汗宇　王云飞　程瑞雅　张晓林
孙任豪

本标准主要审查人员： 解　伟　岳明生　刘瑞群　黄建设
王华强　王富春　王前林

目 次

1 总 则

1.0.1 为加强建筑工程施工质量管理,促进施工质量水平的提高,统一建筑工程施工质量评价的内容和方法,制定本标准。

1.0.2 本标准适用于我省新建、改建、扩建的房屋建筑工程施工质量评价。

1.0.3 建筑工程施工质量评价除应符合本标准外,尚应符合国家现行有关标准的规定。

2 术 语

2.0.1 施工质量评价 construction quality evaluating

工程施工质量满足规范要求程度所做的检查、量测、试验等活动,包括工程施工过程质量控制、原材料、操作工艺、功能效果、工程实体质量和工程资料等。

2.0.2 性能检测 performance test

对检验项目中的各项性能进行检查、量测、试验等,并将检测结果与设计要求及标准规定进行比较,以确定各项性能达到标准规定程度的活动。

2.0.3 质量记录 quality records

参与工程建设的责任主体及检测机构在工程建设过程中,为反映工程质量,按照国家有关技术标准的规定,在参与工程施工活动中所形成的质量控制、质量验收等文件及影像资料。

2.0.4 权重 weight

在质量评价体系中,将一个工程分为若干评价部位、系统,按各部位、系统所占工作量的大小及影响整体能力的重要程度,规定的所占比重。

2.0.5 工程质量管理标准化 engineering quality management standardization

依据有关法律、法规和工程建设标准,从工程开工到竣工验收备案的全过程,对工程参建各方主体的质量行为和工程实体质量控制实行的规范化管理活动。其核心内容是质量行为标准化和工程实体质量控制标准化。

2.0.6 评价等级 evaluation level

根据对工程结构安全、使用功能、建筑节能、观感质量以及工程质量管理标准化的综合评价结果进行相应质量等级水平的分类。

2.0.7 结构工程 structural engineering

在房屋建筑中,由地基与基础和主体结构组成的结构体系,能承受预期荷载的工程实体。

3 基本规定

3.1 一般规定

3.1.1 建筑工程施工质量评价应实施目标管理,健全质量管理体系,落实质量责任,完善控制手段,提高质量保证能力和持续改进能力。

3.1.2 建筑工程质量管理应加强对原材料、施工过程的质量控制和结构安全、功能效果检验,具有完整的施工控制资料和质量验收资料。

3.1.3 工程质量验收应完善检验批的质量验收,具有完整的施工操作依据和现场验收检查原始记录。

3.1.4 建筑工程施工质量评价应对工程结构安全、使用功能、建筑节能、观感质量和工程质量管理标准化等进行综合核查。

3.1.5 建筑工程施工质量评价应按分部工程、子分部工程进行。各分部工程、子分部工程质量应符合国家现行相关验收标准规定。

3.1.6 建筑工程施工质量评价分为施工过程质量评价和单位工程整体质量评价。

3.1.7 施工过程质量评价宜贯穿整个施工过程,单位工程整体质量评价应在工程竣工后进行。

3.2 评价体系

3.2.1 建筑工程施工质量评价应根据建筑工程特点分为地基与基础工程、主体结构工程、屋面工程、装饰装修工程、安装工程、建筑节能工程和工程质量管理标准化等七个部分(见图 3.2.1)。

3.2.2 每个评价部分应根据其在整个工程中所占的工作量及重要程度给出相应的权重,其权重应符合表 3.2.2 的规定。

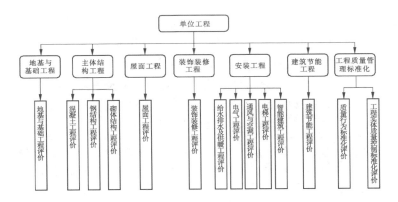

注:1. 地下防水工程的质量评价列入地基与基础工程。

2. 地基与基础工程中的基础部分的质量评价列入主体结构工程。

3. 与《建筑工程施工质量评价标准》GB/T 50375 相比,因安装工程中的燃气工程未纳入我省工程质量验收,在本标准编制过程中,综合考虑不予评价。

4. 为推进建筑工程施工质量管理科学化、标准化、规范化,增加了工程质量管理标准化评价。工程质量管理标准化评价具体实施贯穿整个施工过程。

图 3.2.1   工程质量评价内容

表 3.2.2   工程评价部分权重

工程评价部分	权重/%	工程评价部分	权重/%
地基与基础工程	10	安装工程	20
主体结构工程	30	建筑节能工程	10
屋面工程	5	工程质量管理标准化	10
装饰装修工程	15		

注:1. 主体结构工程、安装工程有多项内容时,其权重可按实际工作量分配,但应为整数。

2. 主体结构工程中的砌体结构工程若是填充墙,最多只占 8%的权重。

3. 地基与基础工程中基础及地下室结构列入主体结构工程中评价。

3.2.3 地基与基础工程、主体结构工程、屋面工程、装饰装修工程、安装工程、建筑节能工程等六个评价部分应按工程质量的特点，分为质量记录、允许偏差、观感质量等三个评价项目。每个评价项目应根据其在该评价部分内所占的工作量及重要程度给出相应的项目分值，其项目分值应符合表 3.2.3 的规定。

表 3.2.3 评价项目分值（一）

序号	评价项目	地基与基础工程	主体结构工程	屋面工程	装饰装修工程	安装工程	建筑节能工程
1	质量记录	50	50	50	40	50	50
2	允许偏差	20	30	15	20	15	20
3	观感质量	30	20	35	40	35	30

注：用本标准对各检查评分表检查评分后，将所得分换算为本表项目分值，再按规定换算为本标准表 3.2.2 的权重。

3.2.4 工程质量管理标准化评价项目应包括质量行为标准化评价和工程实体质量控制标准化评价。每个评价项目应根据其在该评价部分内所占的工作量及重要程度给出相应的项目分值，其项目分值应符合表 3.2.4 的规定。

表 3.2.4 评价项目分值（二）

序号	评价项目	项目分值
1	质量行为标准化	40
2	工程实体质量控制标准化	60

3.2.5 每个评价项目应包括若干检查项目，根据检查项目重要程度分为关键项和一般项，对具体检查内容应按其重要性给出分值。

3.2.6 施工过程中，对地基与基础工程、主体结构工程、屋面工程、装饰装修工程、安装工程、建筑节能工程的评价，应各不少于一次,每项取各次评价得分的算术平均值,计入各分部评价结果中。工程质量管理标准化评价应贯穿整个施工过程,结合分部工程、子分部工程现场抽查同步进行。

3.2.7 评价过程中对允许偏差和观感质量的测区抽选原则应符合下列规定:

1 随机原则:各抽样的结构层、房间、部位等,应结合各标段的施工进度,事前随机抽样确定。

2 可追溯原则:对抽样的各项目标段结构层、房间、部位的具体楼栋号及房号做好书面记录并存档。

3 完整原则:同一分部工程内所有分项指标,根据现场情况具备评价条件的必须全数评价,不能有遗漏。

4 客观原则:评价结果应反映项目的真实质量,避免为了片面提高个别指标,做局部特殊处理。评价样本选取时应规避相应部位。

3.2.8 施工过程质量评价结果分为"A、B、C"三个级别:

1 同时符合下列条件的分部或子分部工程为"A":

1)关键项全部满足要求;

2)一般项全部达到应得分的70%及以上;

3)综合评分达到应得分的85%及以上。

2 同时符合下列条件的分部或子分部工程为"B":

1)关键项全部满足要求;

2)一般项全部达到应得分的70%及以上;

3)综合评分达到应得分的70%~85%。

3 符合下列任一条件的分部或子分部工程为"C":

1)关键项有一项及以上不满足要求;

2)一般项有一项及以上未达到应得分的70%;

3)综合评分未达到应得分的70%。

3.2.9 单位工程整体质量评价结果分为"A、B、C"三个级别:

1 同时符合下列条件的单位工程为"A":

1)地基与基础工程、主体结构工程和建筑节能工程施工质量综合评价结果均为"A",其他分部工程施工质量综合评价结果均为"A"或"B";

2)单位工程整体质量综合评分达到 85 分及以上。

2 符合下列任一条件的单位工程为"B":

1)各分部工程施工质量综合评价结果均为"A"或"B",且单位工程整体质量综合评分为 70~85 分;

2)地基与基础工程、主体结构工程和建筑节能工程中有任一分部施工质量综合评价结果为"B",其他分部工程施工质量综合评价结果均为"A"或"B"。

3 符合下列任一条件的单位工程为"C":

1)任一分部工程施工质量综合评价结果为"C";

2)单位工程整体质量综合评分未达到 70 分。

3.3 评价方法

3.3.1 本标准中的抽样数量是针对 50 000 m² 及以下的单位工程项目。如果单位工程面积超过 50 000 m²,宜按比例增加抽样数量,确保评价结果充分代表评价对象。

评价测区抽选数量应根据现场实际情况决定,宜符合下列规定:

1 观感类:测区应均匀覆盖所有楼层,随机抽选 30%,至少抽选 6 个楼层;地下室和屋面为必抽取评价区域,随机抽选不少于 20%。

2 量测类:主体结构施工阶段测区应均匀覆盖所有楼层,随机抽选 10%,至少抽选 2 个楼层。其他施工阶段测区应均匀覆盖所有楼层,随机抽选 5%,至少抽选 4 个楼层。

3 试验类:系统测试随机抽选 20%,至少抽选 2 套系统;渗漏试验应随机抽取 5%，至少抽取 10 个功能区。

3.3.2　测区抽样时的工程进度宜符合下列规定：

　　1　观感类：完成主体工程量不少于 30%。

　　2　量测类：完成主体工程量不少于 30%；砌筑、抹灰及装修施工完成 5 个楼层，同时施工工序处于正常。

　　3　试验类：设备安装及系统调试完成、防水施工至少完成 5 个楼层。

3.3.3　质量记录评价方法应符合下列规定：

　　1　检查标准：性能检测，材料、设备合格证、进场验收记录及复试报告，施工记录及施工试验等资料应真实、有效、齐全、完整，能满足设计要求及标准规定；具体评价项目分别按照附表 A ~ 附表 F 相对应的评分要求，根据满足的程度，赋予相应的分值。

　　性能检测指标一次检测达到设计要求及标准规定的应为一档，取 100% 的分值；按照标准要求，经过处理后满足设计要求及标准规定的应为二档，取 70% 的分值；达不到二档要求的取 0 分。

　　材料、设备合格证、进场验收记录及复试报告、施工记录及施工试验等资料完整，能满足设计要求及规范规定的应为一档，取 100% 的分值；资料基本完整并能满足设计要求及规范规定的应为二档，取 70% 的分值；达不到二档要求的取 0 分。

　　2　检查方法：核查资料的项目、数量及数据内容。

3.3.4　允许偏差评价方法应符合下列规定：

　　1　检查标准：每个检查项目以随机抽取的测点实测值达到标准规定值为合格。检查项目 90% 及以上测点实测值达到规范规定值的应为一档，取 100% 的分值；检查项目 80% 及以上测点实测值达到规范规定值，但不足 90% 的应为二档，取 70% 的分值；达不到二档要求的取 0 分。具体评价项目分别按照附表 A ~ 附表 F 相对应的评分要求，根据满足的程度，赋予相应的分值。

　　2　检查方法：通过工具量测，按照测区抽样原则对照各项目评价指标给予评价。

3.3.5 观感质量评价方法应符合下列规定：

1 检查标准：每个检查项目以随机抽取的检查点按"好""一般"给出评价。项目检查点 90% 及以上达到"好"，其余检查点达到"一般"的应为一档，取 100% 的分值；项目检查点 80% 及以上达到"好"，但不足 90%，其余检查点达到"一般"的应为二档，取 70% 的分值；达不到二档要求的取 0 分。具体评价项目分别按照附表 A~附表 F 相对应的评分要求，根据满足的程度，赋予相应的分值。

2 检查方法：通过外观目测，对照各项目评价指标核查分部工程、子分部工程给予评价。对于安装工程中的相关评价指标需要通过试验验证来给予评价。

3.3.6 质量行为标准化评价方法应符合下列规定：

1 检查标准：质量行为应规范、完善、良好；具体检查项目按照附表 G 对应的评分要求，取相应的分值。

2 检查方法：核查工程质量管理标准化资料，现场抽查。

3.3.7 工程实体质量控制标准化评价方法应符合下列规定：

1 检查标准：实体质量控制具体检查项目分别按照附表 G 对应的评分要求，取相应的分值。

2 检查方法：核查工程质量管理标准化资料，现场抽查。

4 地基与基础工程质量评价

4.1 质量记录

4.1.1 地基与基础工程质量记录项目及评分应符合附表 A.0.1 的规定。

4.1.2 地基与基础工程质量记录评价方法应符合本标准第 3.3.3 条和下列规定:

1 地基承载力、复合地基承载力、单桩承载力的检查标准和方法应符合本标准第 3.3.3 条的规定。

2 桩身质量检验

1)检查标准:桩身质量检验一次检测结果为 90% 及以上达到Ⅰ类桩,其余达到Ⅱ类桩时应为一档,取 100% 的分值;一次检测结果为 80% 及以上,但不足 90% 达到Ⅰ类桩,其余达到Ⅱ类桩时应为二档,取 70% 的分值;达不到二档要求的取 0 分。

2)检查方法:核查桩身质量检验报告。

3 地下渗漏水检验

1)检查标准:无渗漏、结构表面无湿渍的应为一档,取 100% 的分值;无漏水,总湿渍面积应不大于总防水面积(包括墙、顶、地面)的 1/1 000,任意 100 m² 防水面积不超过 1 处,每处面积不大于 0.1 m² 的应为二档,取 70% 的分值;达不到二档要求的取 0 分。

2)检查方法:核查地下渗漏水检验记录,也可现场观察检查。

4 地基沉降观测

1)检查标准:要求进行沉降变形观测的工程,施工期间按设计要求设置沉降观测点,记录完整,各观测点沉降值符合设计要求的应为一档,取 100% 的分值;施工期间观测点设置滞后或不够完整,各观测点沉降值符合设计要求的应为二档,取 70% 的分值;达不到二档要求的取 0 分。

2)检查方法:核查沉降观测记录。

4.2 允许偏差

4.2.1 地基与基础工程允许偏差项目及评分应符合附表 A.0.2 的规定。

4.2.2 地基与基础工程允许偏差评价方法应符合本标准第 3.3.4 条和下列规定:

1 检查标准

1)天然地基与基础工程允许偏差项目检查标准:

基底标高允许偏差-50 mm;

基槽长度、宽度允许偏差+200 mm、-50 mm。

2)复合地基桩位允许偏差项目检查标准:

桩位允许偏差:振冲桩允许偏差不应大于 0.3D;高压喷射注浆桩允许偏差不应大于 0.2D;水泥土搅拌桩、土和灰土挤密桩、水泥粉煤灰碎石桩、夯实水泥土桩的条基边桩沿轴线允许偏差不应大于 1/4D。

注:D 为设计桩径,mm。

3)打(压)桩桩位允许偏差应符合表 4.2.2-1 的规定。

表 4.2.2-1 打(压)桩桩位允许偏差

序号	项目		允许偏差/mm
1	有基础梁的桩	垂直基础梁的中心线	≤100+0.01H
		沿基础梁的中心线	≤150+0.01H
2	承台桩	桩数为 1~3 根桩基中的桩	≤100+0.01H
		桩数大于或等于 4 根桩基中的桩	≤1/2 桩径+0.01H 或 1/2 边长+0.01H

注:H 为桩基施工面至设计桩顶的距离,mm。

4)灌注桩桩位允许偏差应符合表 4.2.2-2 的规定。

表 4.2.2-2　灌注桩桩位允许偏差

序号	成孔方法		桩位允许偏差/mm
1	泥浆护壁钻孔桩	$D<1\ 000$ mm	$\leqslant 70+0.01H$
		$D\geqslant 1\ 000$ mm	$\leqslant 100+0.01H$
2	套管成孔灌注桩	$D<500$ mm	$\leqslant 70+0.01H$
		$D\geqslant 500$ mm	$\leqslant 100+0.01H$
3	干成孔灌注桩		$\leqslant 70+0.01H$
4	人工挖孔桩		$\leqslant 50+0.005H$

注:1. H 为桩基施工面至设计桩顶的距离,mm。

2. D 为设计桩径,mm。

5)基坑支护允许偏差应符合表 4.2.2-3 的规定。

表 4.2.2-3　基坑支护允许偏差

序号	项目			允许值或允许偏差	
				单位	数值
1	支护桩(灌注桩排桩)		桩位	mm	$\leqslant 50$
			垂直度		$\leqslant 1/100(\leqslant 1/200)$
			桩顶标高	mm	± 50
2	截水帷幕	桩位	单轴与双轴水泥土搅拌桩	mm	$\leqslant 20$
			三轴水泥土搅拌桩	mm	$\leqslant 50$
			高压喷射注浆	mm	± 50
		桩径	单轴与双轴水泥土搅拌桩	mm	$\leqslant \pm 20$
			三轴水泥土搅拌桩	mm	$\leqslant 50$
		垂直度(渠式切割水泥土连续墙)			$\leqslant 1/250$
		桩(墙)顶标高	渠式切割水泥土连续墙	mm	$\geqslant -10$
			其他	mm	± 200

序号	项目			允许值或允许偏差	
				单位	数值
3	地下连续墙	槽壁垂直度	临时结构		≤1/200
			永久结构		≤1/300
4	土钉墙		土钉位置	mm	±100
			土钉孔倾斜度		≤3°
			微型桩桩位	mm	≤50
			微型桩垂直度		≤1/200
5	内支撑		标高(钢筋混凝土支撑)	mm	±20
			轴线平面位置(钢支撑)	mm	≤30
			平面位置(钢立柱)	mm	≤20
			垂直度(钢立柱)		≤1/200
6	锚杆		钻孔孔位	mm	≤100
			钻孔倾斜度		≤3°
			自由段的套管长度	mm	±50

6) 土石方允许偏差应符合表 4.2.2-4 的规定。

表 4.2.2-4   土石方允许偏差

序号	项目			允许偏差/mm
1	土石方开挖	土方开挖(柱基、基坑、基槽)	标高	0,−50
			表面平整度	±20
		岩质基坑开挖	标高	0,−200
			表面平整度	±100

续表 4.2.2-4

序号	项目		允许偏差/mm
2	土石方回填[柱基、基坑、基槽、管沟、地(路)面]	标高	0,−50
		表面平整度	±20

7)现场防水层厚度应达到设计要求(涂料防水层最小厚度应不小于设计厚度的 90%);防水卷材、塑料板搭接宽度允许偏差−10 mm;防水卷材加强层宽度不应小于 500 mm。

2 检查方法

随机抽取 5 个检验批进行核查,不足 5 个时全部核查。

4.3 观感质量

4.3.1 地基与基础工程观感质量项目及评分应符合附表 A.0.3 的规定。

4.3.2 地基与基础工程观感质量评价方法应符合本标准第 3.3.5 条的规定。

5 主体结构工程质量评价

5.1 混凝土结构工程

5.1.1 混凝土结构工程质量记录项目及评分应符合本标准附表 B.1.1 的规定。

5.1.2 混凝土结构工程质量记录评价方法应符合本标准第 3.3.3 条和下列规定：

1 结构实体混凝土强度检验

1）检查标准：结构实体混凝土强度应按不同强度等级分别验证，检验方法宜采用同条件养护试件方法，检验符合规范规定的应为一档，取 100% 的分值；当未取得同条件养护试件强度或同条件养护试件强度不符合要求时，可采用回弹-取芯法进行检验，检验符合规范规定的应为二档，取 70% 的分值；达不到二档要求的取 0 分。

2）检查方法：核查混凝土结构子分部工程验收资料。

2 结构实体钢筋保护层厚度检验

1）检查标准：梁类、板类构件纵向受力钢筋保护层厚度允许偏差应符合表 5.1.2 的规定。

表 5.1.2 结构实体纵向受力钢筋保护层厚度允许偏差

构件类型	允许偏差/mm
梁	+10，-7
板	+8，-5

结构实体钢筋保护层厚度一次检测合格率达到 90% 及以上时应为一档，取 100% 的分值；一次检测合格率小于 90% 但不小于

80%时,可再抽取相同数量的构件进行检验,当按两次抽样总和计算合格率达到90%及以上时应为二档,取70%的分值;达不到二档要求的取0分。

抽样检验结果中不合格点的最大偏差均不应大于本规定允许偏差的1.5倍。

2)检查方法:核查混凝土结构子分部工程验收资料。

5.1.3 混凝土结构工程允许偏差项目及评分应符合本标准附表 B.1.2 的规定。

5.1.4 混凝土结构工程允许偏差评价方法应符合本标准第3.3.4条的规定。

5.1.5 混凝土结构工程观感质量项目及评分应符合本标准附表 B.1.3 的规定。

5.1.6 混凝土结构工程观感质量评价方法应符合本标准第3.3.5条的规定。

5.2　钢结构工程

5.2.1 钢结构工程质量记录项目及评分应符合本标准附表 B.2.1 的规定。

5.2.2 钢结构工程质量记录评价方法应符合本标准第3.3.3条和下列规定:

1　焊缝内部质量检测

1)检查标准:设计要求全焊透的一、二级焊缝应采用无损探伤进行内部缺陷的检验,其评定等级、检验等级及检验比例应符合表 5.2.2-1 的规定。

焊缝检验返修率不大于2%时应为一档,取100%的分值;焊缝检验返修率大于2%,但不大于5%时应为二档,取70%的分值;达不到二档要求的取0分。所有焊缝经返修后均应达到合格质量标准。

表 5.2.2-1　焊缝质量检验标准、检验等级及缺陷分级

焊缝质量等级		一级	二级
内部缺陷 超声波探伤	评定等级	Ⅱ	Ⅲ
	检验等级	B 级	B 级
	检验比例	100%	20%
内部缺陷 射线探伤	评定等级	Ⅱ	Ⅲ
	检验等级	B 级	B 级
	检验比例	100%	20%

2)检查方法:核查超声波或射线探伤记录。

2　高强度螺栓连接副紧固质量检测

1)检查标准:高强度螺栓连接副终拧完成 1 h 后,48 h 内应进行紧固质量检查,其检查标准应符合表 5.2.2-2 的规定。高强度螺栓连接副紧固质量检测点中优良点达到 95% 及以上,其余点达到合格点时应为一档,取 100% 的分值;当检测点中优良点达到 80% 及以上,但不足 95%,其余点达到合格点时应为二档,取 70% 的分值;达不到二档要求的取 0 分。

表 5.2.2-2　高强度螺栓连接副紧固质量检验标准

紧固方法	判定结果	
	优良点	合格点
扭矩法紧固	终拧扭矩偏差 $\Delta T \leqslant 5\%T$	终拧扭矩偏差 $5\%T < \Delta T \leqslant 10\%T$
转角法紧固	终拧角度偏差 $\Delta \theta \leqslant 15°$	终拧角度偏差 $15° < \Delta \theta \leqslant 30°$
扭剪型高强度 螺栓施工扭矩	尾部梅花头未拧掉比例 $\delta \leqslant 2\%$	尾部梅花头未拧掉比例 $2\% < \delta \leqslant 5\%$

注:T 为扭矩法紧固时终拧扭矩值,θ 为终拧扭矩角度值,ΔT、$\Delta \theta$ 均为绝对值,δ 为百分数。

2)检查方法:检查扭矩法或转角法紧固检测报告。

3 钢结构涂装质量检测

1)检查标准:钢结构涂装后,应对涂层干漆膜厚度进行检测,其检测标准应符合表 5.2.2-3 的规定。

表 5.2.2-3 钢结构涂装干漆膜厚度质量检测标准

涂装类型	判定结果	
	优良点	合格点
防腐涂料	干漆膜总厚度允许偏差(Δ) $\Delta \leqslant -10 \ \mu m$	干漆膜总厚度允许偏差(Δ) $-10 \ \mu m < \Delta \leqslant -25 \ \mu m$
薄涂型防火涂料	涂层厚度(δ)允许偏差(Δ) $\Delta \leqslant -5\%\delta$	涂层厚度(δ)允许偏差(Δ) $-5\%\delta < \Delta \leqslant -10\%\delta$
厚涂型防火涂料	90%及以上面积应符合设计厚度,且最薄处厚度不应低于设计厚度的90%	80%及以上面积应符合设计厚度,且最薄处厚度不应低于设计厚度的85%

全部涂装干漆膜厚度检测点中优良点达到 95% 及以上,其余点达到合格点时应为一档,取 100% 的分值;当检测点优良点达到 80% 及以上,但不足 95%,其余点达到合格点时应为二档,取 70% 的分值;达不到二档要求的取 0 分。

2)检查方法:核查检测报告。

5.2.3 钢结构工程允许偏差项目及评分应符合本标准附表 B.2.2 的规定。

5.2.4 钢结构工程允许偏差评价方法应符合本标准第 3.3.4 条的规定。

5.2.5 钢结构工程观感质量项目及评分应符合本标准附表 B.2.3 的规定。

5.2.6 钢结构工程观感质量评价方法应符合本标准第 3.3.5 条的规定。

5.3 砌体结构工程

5.3.1 砌体结构工程质量记录项目及评分应符合本标准附表 B.3.1 的规定。

5.3.2 砌体结构工程质量记录评价方法应符合本标准第 3.3.3 条和下列规定：

1 检查标准

全高砌体垂直度：

全高不大于 10 m 时垂直度允许偏差不应大于 10 mm。

全高大于 10 m 时垂直度允许偏差不应大于 20 mm。

全高垂直度允许偏差各检测点均达到规范规定值的应为一档，取 100%的分值；各检测点 80%及以上达到规范规定值，但不足 100%的应为二档，取 70%的分值；达不到二档要求的取 0 分。

抽样检测结果中，不合格点的最大偏差均不应大于本标准规定允许偏差的 1.5 倍。

2 检查方法：核查分项工程质量验收资料。

5.3.3 砌体结构工程允许偏差项目及评分应符合本标准附表 B.3.2 的规定。

5.3.4 砌体结构工程允许偏差评价方法应符合本标准第 3.3.4 条和下列规定：

抽样检测结果中，不合格点的最大偏差均不应大于本标准规定允许偏差的 1.5 倍。

5.3.5 砌体结构工程观感质量项目及评分应符合本标准附表 B.3.3 的规定。

5.3.6 砌体结构工程观感质量评价方法应符合本标准第 3.3.5 条的规定。

6 屋面工程质量评价

6.1 质量记录

6.1.1 屋面工程质量记录项目及评分应符合本标准附表 C.0.1 的规定。

6.1.2 屋面工程质量记录评价方法应符合本标准第 3.3.3 条和下列规定:

1 检查标准

1)屋面防水效果:屋面淋水、蓄水或雨后检查,无渗漏、无积水和排水畅通的应为一档,取 100% 的分值;无渗漏及排水畅通,但局部有少量积水,水深不超过 30 mm 应为二档,取 70% 的分值;达不到二档要求的取 0 分。

2)保温层厚度:抽样测试点全部达到设计厚度的应为一档,取 100% 的分值;抽样测试点 95% 及以上,但不足 100% 达到设计厚度的,且平均厚度达到设计要求,最薄点不应小于设计厚度 95% 的应为二档,取 70% 的分值;达不到二档要求的取 0 分。

2 检查方法:核查测试记录。

6.2 允许偏差

6.2.1 屋面工程允许偏差项目及评分应符合本标准附表 C.0.2 的规定。

6.2.2 屋面工程允许偏差评价方法应符合本标准第 3.3.4 条的规定。

6.3 观感质量

6.3.1 屋面工程观感质量项目及评分应符合本标准附表 C.0.3

的规定。

6.3.2 屋面工程观感质量评价方法应符合本标准第 3.3.5 条的
规定。

7 装饰装修工程质量评价

7.1 质量记录

7.1.1 装饰装修工程质量记录项目及评分应符合本标准附表 D.0.1 的规定。

7.1.2 装饰装修工程质量记录评价方法应符合本标准第 3.3.3 条的规定。

7.2 允许偏差

7.2.1 装饰装修工程允许偏差项目及评分应符合本标准附表 D.0.2 的规定。

7.2.2 装饰装修工程允许偏差评价方法应符合本标准第 3.3.4 条的规定。

7.3 观感质量

7.3.1 装饰装修工程观感质量项目及评分应符合本标准附表 D.0.3 的规定。

7.3.2 装饰装修工程观感质量评价方法应符合本标准第 3.3.5 条的规定。

8 安装工程质量评价

8.1 给水排水及供暖工程

8.1.1 给水排水及供暖工程质量记录项目及评分应符合本标准附表 E.1.1 的规定。

8.1.2 给水排水及供暖工程质量记录评价方法应符合本标准第 3.3.3 条的规定。

8.1.3 给水排水及供暖工程允许偏差项目及评分应符合本标准附表 E.1.2 的规定。

8.1.4 给水排水及供暖工程允许偏差评价方法应符合本标准第 3.3.4 条的规定。

8.1.5 给水排水及供暖工程观感质量项目及评分应符合本标准附表 E.1.3 的规定。

8.1.6 给水排水及供暖工程观感质量评价方法应符合本标准第 3.3.5 条的规定。

8.2 电气工程

8.2.1 电气工程质量记录项目及评分应符合本标准附表 E.2.1 的规定。

8.2.2 电气工程质量记录评价方法应符合本标准第 3.3.3 条的规定。

8.2.3 电气工程允许偏差项目及评分应符合本标准附表 E.2.2 的规定。

8.2.4 电气工程允许偏差评价方法应符合本标准第 3.3.4 条的规定。

8.2.5 电气工程观感质量项目及评分应符合本标准附表 E.2.3

的规定。

8.2.6 电气工程观感质量评价方法应符合本标准第 3.3.5 条的规定。

8.3 通风与空调工程

8.3.1 通风与空调工程质量记录项目及评分应符合本标准附表 E.3.1 的规定。

8.3.2 通风与空调工程质量记录评价方法应符合本标准第 3.3.3 条的规定。

8.3.3 通风与空调工程允许偏差项目及评分应符合本标准附表 E.3.2 的规定。

8.3.4 通风与空调工程允许偏差评价方法应符合本标准第 3.3.4 条的规定。

8.3.5 通风与空调工程观感质量项目及评分应符合本标准附表 E.3.3 的规定。

8.3.6 通风与空调工程观感质量评价方法应符合本标准第 3.3.5 条的规定。

8.4 电梯工程

8.4.1 电梯工程质量记录项目及评分应符合本标准附表 E.4.1 的规定。

8.4.2 电梯工程质量记录评价方法应符合本标准第 3.3.3 条的规定。

8.4.3 电梯工程允许偏差项目及评分应符合本标准附表 E.4.2 的规定。

8.4.4 电梯工程允许偏差评价方法应符合本标准第 3.3.4 条和下列规定：

1 检查标准

1)层门地坎至轿厢地坎之间的水平距离偏差为 0~+3 mm,且最大距离不大于 20 mm 的应为一档,取 100% 的分值;偏差为 0~+3 mm,且最大距离大于 20 mm 但不超过 35 mm 的应为二档,取 70% 的分值;达不到二档要求的取 0 分。

2)平层准确度

额定速度 $v \leqslant 0.63$ m/s 的交流双速电梯和其他调速方式的电梯:平层准确度偏差不超过 ±8 mm 的应为一档,取 100% 的分值;偏差超过 ±8 mm,但不超过 ±15 mm 的应为二档,取 70% 的分值;达不到二档要求的取 0 分。

额定速度 0.63 m/s$<v \leqslant 1.0$ m/s 的交流双速电梯:平层准确度偏差不超过 ±15 mm 的应为一档,取 100% 的分值;偏差超过 ±15 mm,但不超过 ±30 mm 的应为二档,取 70% 的分值;达不到二档要求的取 0 分。

其他调速方式的电梯平层准确度同 $v \leqslant 0.63$ m/s 的交流双速电梯。

3)自动扶梯、人行道扶手带的运行速度相对梯级、踏板或胶带的速度允许偏差:偏差值为 0~+0.5% 的应为一档,取 100% 的分值;偏差值为 0~+(0.5%~2%)的应为二档,取 70% 的分值;达不到二档要求的取 0 分。

2 检查方法:核查试验记录。

8.4.5 电梯工程观感质量项目及评分应符合本标准附表 E.4.3 的规定。

8.4.6 电梯工程观感质量评价方法应符合本标准第 3.3.5 条的规定。

8.5 智能建筑工程

8.5.1 智能建筑工程质量记录项目及评分应符合本标准附表 E.5.1

的规定。

8.5.2 智能建筑工程质量记录评价方法应符合本标准第3.3.3条和下列规定：

1 检查测试

接地电阻测试：一次检测达到设计要求的应为一档，取100%的分值；经整改达到设计要求的应为二档，取70%的分值；达不到二档要求的取0分。

系统检测、系统集成检测：按设计安装的系统应全部检测。火灾自动报警、安全防范、通信网络等系统应由专业检测机构进行检测。按先各系统后系统集成进行检测。系统检测、系统集成检测一次检测主控项目达到合格，一般项目中有不超过5%的项目经整改后达到要求的应为一档，取100%的分值；一次检测主控项目达到合格，一般项目中有超过5%项目但不超过10%的项目经整改后达到要求的应为二档，取70%的分值；达不到二档要求的取0分。

2 检查方法：核查检测报告。

8.5.3 智能建筑工程允许偏差项目及评分应符合本标准附表E.5.2的规定。

8.5.4 智能建筑工程允许偏差评价方法应符合本标准第3.3.4条的规定。

8.5.5 智能建筑工程观感质量项目及评分应符合本标准附表E.5.3的规定。

8.5.6 智能建筑工程观感质量评价方法应符合本标准第3.3.5条的规定。

9 建筑节能工程质量评价

9.1 质量记录

9.1.1 建筑节能工程质量记录项目及评分应符合本标准附表 F.0.1 的规定。

9.1.2 建筑节能工程质量记录评价方法应符合本标准第 3.3.3 条的规定。

9.2 允许偏差

9.2.1 建筑节能工程允许偏差项目及评分应符合本标准附表 F.0.2 的规定。

9.2.2 建筑节能工程允许偏差评价方法应符合本标准第 3.3.4 条的规定。

9.3 观感质量

9.3.1 建筑节能工程观感质量项目及评分应符合本标准附表 F.0.3 的规定。

9.3.2 建筑节能工程观感质量评价方法应符合本标准第 3.3.5 条的规定。

10 工程质量管理标准化评价

10.1 质量行为标准化

10.1.1 质量行为标准化项目及评分应符合本标准附表 G.1.1 的规定。

10.2 工程实体质量控制标准化

10.2.1 标示(识)标牌项目及评分应符合本标准附表 G.2.1 的规定。

10.2.2 材料样品库和材料分类堆放项目及评分应符合本标准附表 G.2.2 的规定。

10.2.3 图片样板示范项目及评分应符合本标准附表 G.2.3 的规定。

10.2.4 实物样板示范项目及评分应符合本标准附表 G.2.4 的规定。

10.2.5 工程样板示范项目及评分应符合本标准附表 G.2.5 的规定。

10.2.6 工程检测标准化项目及评分应符合本标准附表 G.2.6 的规定。

11 施工质量综合评价

11.1 一般规定

11.1.1 建筑工程施工质量评价应先进行分部工程、子分部工程的施工质量评价,再进行结构工程、单位工程的整体质量评价。

11.1.2 建筑工程施工过程质量核查评分及评价结论可按附表 H.0.1 进行计算。

11.2 结构工程质量评价

11.2.1 结构工程质量应包括地基与基础工程和主体结构工程。

11.2.2 结构工程质量核查评分应按式 11.2.2 计算:

$$P_s = A + B \qquad (11.2.2)$$

式中 P_s——结构工程评价得分;

A——地基与基础工程权重实得分;

B——主体结构工程权重实得分。

11.2.3 结构工程质量评价结果应按地基与基础工程和主体结构工程评价结果级别中较低的一个级别确定。

11.2.4 主体结构工程包括混凝土结构、钢结构、砌体结构等。根据工程实际情况,应按比例分配各项权重,总权重为 30%。可按式 11.2.4 计算:

$$B = B_1 + B_2 + B_3 \qquad (11.2.4)$$

式中 B_1——混凝土结构工程权重实得分;

B_2——钢结构工程权重实得分;

B_3——砌体结构工程权重实得分。

11.3 单位工程整体质量评价

11.3.1 单位工程整体质量应包括结构工程、屋面工程、装饰装修工程、安装工程、建筑节能工程和工程质量管理标准化。

11.3.2 符合下列条件的工程可在单位工程核查后加分：

1 凡在施工中采用绿色施工技术并获得省级及以上奖励的，可在单位工程核查后加1分。

2 凡在施工中采用先进施工技术并获得省级及以上奖励的，可在单位工程核查后加1分。

11.3.3 单位工程整体质量核查评分应按式11.3.3计算：

$$P_c = P_s + C + D + E + F + G + H \qquad (11.3.3)$$

式中　P_c——单位工程整体质量核查得分；

C——屋面工程权重实得分；

D——装饰装修工程权重实得分；

E——安装工程权重实得分；

F——建筑节能工程权重实得分；

G——工程质量管理标准化权重实得分；

H——附加分(分值来源于本标准第11.3.2条)。

11.3.4 安装工程应包括建筑给水排水及供暖工程、建筑电气工程、通风与空调工程、电梯工程、智能建筑工程等。各项权重分配应符合表11.3.4的规定。

表11.3.4　安装工程权重分配

子分部工程名称	权重值
建筑给水排水及供暖工程	5
建筑电气工程	5
通风与空调工程	3
电梯工程	4
智能建筑工程	3

安装工程权重实得分可按式 11.3.4 计算：

$$E = E_1 + E_2 + E_3 + E_4 + E_5 \qquad (11.3.4)$$

式中 E_1——建筑给水排水及供暖工程权重实得分；

E_2——建筑电气工程权重实得分；

E_3——通风与空调工程权重实得分；

E_4——电梯工程权重实得分；

E_5——智能建筑工程权重实得分。

$$调整后各参评项的权重 = \frac{20}{20 - 不参评项的权重} \times 各参评项的权重$$

11.3.5 工程质量管理标准化应包括质量行为标准化和工程实体质量控制标准化。工程实体质量控制标准化主要包括标示(识)标牌制作、材料样品库和材料分类堆放、图片样板示范、实物样板示范、工程样板示范、工程检测标准化等，各项权重分配应符合表 11.3.5 的规定。

表 11.3.5 工程质量管理标准化权重分配

子分部评价项		权重值
质量行为标准化		4
工程实体质量控制标准化	标示(识)标牌制作	0.5
	材料样品库和材料分类堆放	1
	图片样板示范	0.5
	实物样板示范	1.5
	工程样板示范	1.5
	工程检测标准化	1

工程质量管理标准化评分可按式 11.3.5-1、式 11.3.5-2 计算：

$$G = G_1 + G_2 \qquad (11.3.5-1)$$

式中　G_1——质量行为标准化权重实得分;

　　　G_2——工程实体质量控制标准化权重实得分。

$$G_2 = G_{2.1} + G_{2.2} + G_{2.3} + G_{2.4} + G_{2.5} + G_{2.6} \quad (11.3.5\text{-}2)$$

式中　$G_{2.1}$——标示(识)标牌权重实得分;

　　　$G_{2.2}$——材料样品库和材料分类堆放权重实得分;

　　　$G_{2.3}$——图片样板示范权重实得分;

　　　$G_{2.4}$——实物样板示范权重实得分;

　　　$G_{2.5}$——工程样板示范权重实得分;

　　　$G_{2.6}$——工程检测标准化权重实得分。

11.3.6 单位工程整体质量核查评分及评价结论可按附表 H.0.2 进行计算。

附表A 地基与基础工程评分表

附表A.0.1 地基与基础工程质量记录项目及评分表

工程名称			建设单位					
施工单位			评价单位					
序号	检查项目	应得分	判定结果			实得分	评分描述	
			100%	70%	0			
1	★性能检测	地基承载力	30					
		复合地基承载力						
		桩基单桩承载力及桩身质量检验						
		地下渗漏水检验	10					
		地基沉降观测	10					
2	材料合格证、进场验收记录及复试报告	钢筋、水泥、外加剂合格证,进场验收记录及复试报告,混凝土进场坍落度测试记录	15					
		预制桩合格证及进场验收记录、桩强度试验报告						
		防水材料合格证,进场验收记录及复试报告						

续附表 A.0.1

序号	检查项目		应得分	判定结果			实得分	评分描述
				100%	70%	0		
3	施工记录	地基处理、验槽、钎探施工记录	15					
		预制桩接头施工记录，打(压)桩及试桩施工记录						
		灌注桩成孔、钢筋笼、混凝土灌注桩浇筑施工记录						
		防水层施工记录及隐蔽验收记录						
4	施工试验	有关地基材料配合比试验报告；压实系数、桩体及桩间土干密度试验报告	20					
		钢筋连接试验报告						
		混凝土试件强度评定报告						
		预制桩龄期及试件强度试验报告						
		防水材料配合比试验报告						
合计得分			100					
核查结果	质量记录项目分值 50 分。 地基与基础工程质量记录得分 = $\dfrac{实得分合计}{应得分合计}$ ×50 = 　　　　　　　　　　　　　　　　评价人员：　　　　　年　月　日							

注：以★标注的检查项目为关键项；判定结果中 100%分值为一档，70%分值为二档，下同。

附表A.0.2 地基与基础工程允许偏差项目及评分表

工程名称				建设单位					
施工单位				评价单位					
序号		检查项目	应得分	判定结果			实得分	评分描述
				100%	70%	0		
1	基础	天然地基标高及基槽尺寸偏差	30					
		复合地基桩位偏差						
		打（压）桩桩位偏差						
		灌注桩桩位偏差						
		预制桩桩位偏差						
		钢筋笼接头锚入长度	5					
		灌注桩钢筋笼接头焊缝长度	5					
		预制桩的外观尺寸（桩长、桩径和桩身壁厚）	5					
2	基坑支护	支护桩桩位、桩径、垂直度	5					
		截水帷幕水泥用量、长度、厚度、钻孔孔位、垂直度	5					
		地下连续墙槽壁垂直度、表面平整度、钢筋笼长度、宽度、主筋间距	5					

续附表 A.0.2

序号	检查项目		应得分	判定结果			实得分	评分描述
				100%	70%	0		
2	基坑支护	土钉墙(复合土钉墙)分层开挖厚度、土钉位置、直径、倾角、钢筋网间距面层厚度,复合土钉墙还包含微型桩型位、垂直度	5					
		内支撑混凝土强度、截面尺寸、平面位置、立柱截面尺寸、长度、垂直度	5					
		锚杆(索)位置、直径、总长度、倾角	5					
3	土石方	开挖坡率、标高	5					
		回填坡率、标高	5					
4	防水	防水层厚度	5					
		防水卷材、塑料板、止水条搭接宽度偏差	5					
		防水卷材加强层宽度	5					
	合计得分				100			
核查结果	允许偏差质量项目分值 20 分。							
	地基与基础工程允许偏差得分 = $\dfrac{实得分合计}{应得分合计}$ ×20 =							
	评价人员:						年 月 日	

· 37 ·

附表 A.0.3 地基与基础工程观感质量项目及评分表

工程名称				建设单位					
施工单位				评价单位					
序号		检查项目	应得分	判定结果			实得分	评分描述
				100%	70%	0		
1	地基、复合地基	标高、表面平整、边坡、地基处理分层质量	10					
2	桩基	桩头、桩顶标高、场地平整	5					
		预制桩表面不应有裂缝、桩身无露筋现象	10					
		灌注桩钢筋表面无明显锈迹、钢筋绑扎间距均匀，不应有断桩、桩身明显倾斜、钢筋外露现象	10					
3	基坑支护	支护结构成型质量；冠梁、围檩、支撑有无裂缝出现；支柱、立柱有无较大变形；止水帷幕有无开裂、渗漏；墙后土体有无裂缝、沉陷及滑移；基坑有无涌土、流沙及管涌	10					
4	土石方	超挖现象	10					

续附表 A.0.3

序号	检查项目		应得分	判定结果			实得分	评分描述
				100%	70%	0		
5	边坡	坡面应稳定、平顺，坡线顺直，表面无松土、松石及险石，不得出现陡坡、变形缝应上下贯通，平直整齐	10					
6	地下防水	防水基层应干燥、平整，无蜂窝麻面等质量缺陷，不应有贯通性裂缝	5					
		防水层出现空鼓、脱落、开裂现象	5					
		防水收头严密，脱落、翘曲、开裂	5					
		细部处理（施工缝、变形缝、穿墙管、预埋件,孔口,坑池等）	10					
		地下室渗漏现象	10					
	合计得分			100				

观感质量项目分值 30 分。

地基与基础工程观感质量得分 = 实得分合计/应得分合计 ×30=

核查结果	

评价人员：　　　　　　年　月　日

·39·

附表 B 主体结构工程评分表

附表 B.1.1 混凝土结构工程质量记录项目及评分表

工程名称								
施工单位								
序号	检查项目		应得分	建设单位			实得分	评分描述
				评价单位				
				判定结果				
				100%	70%	0		
1	★性能检测	结构实体混凝土强度	20					
		结构实体钢筋保护层厚度	20					
		结构实体位置与尺寸偏差	10					
2	材料合格证、进场验收记录及复试报告	钢筋、混凝土拌和物合格证,混凝土进场坍落度测试记录、进场验收记录,钢筋复试报告,钢筋连接材料合格证及复试报告	15					
		预制构件合格证,出厂检验报告及进场验收记录						
		预应力锚夹具,连接器合格证、出厂检验报告,进场验收记录及复试报告						

· 40 ·

续附表 B.1.1

序号	检查项目		应得分	判定结果			实得分	评分描述
				100%	70%	0		
3	施工记录	预拌混凝土进场工作性能测试记录	15					
		混凝土施工记录						
		装配式结构安装施工记录						
		预应力筋安装、张拉及灌浆封锚施工记录						
		隐蔽工程验收记录						
4	施工试验	混凝土配合比试验报告、开盘鉴定报告	20					
		混凝土试件强度试验报告及强度评定报告						
		钢筋连接试验报告						
		无黏结预应力筋防水检测记录，预应力筋断丝检测记录						
		装配式构件安装连接检验报告						
	合计得分					100		
核查结果	质量记录项目分值50分。							

混凝土结构工程质量记录得分 = $\dfrac{实得分合计}{应得分合计}$ ×50=

评价人员：　　　　　　　年　月　日

附表 B.1.2　混凝土结构工程允许偏差项目及评分表

工程名称			建设单位				
施工单位			评价单位				
序号	检查项目		应得分	判定结果			实得分	评分描述
				100%	70%	0		
1	混凝土现浇结构（100分）	绑扎箍筋、横向钢筋间距	±20 mm	10				
2		纵向受力钢筋	锚固长度−20 mm	6				
			间距±10 mm	6				
3		轴线位置	整体基础15 mm,独立基础10 mm	10				
			墙、柱、梁8 mm					
4		标高	层高±10 mm,全高±30 mm	10				
5		全高垂直度	$H\le300$ m $H/30\,000+20$ mm	10				
			$H>300$ m $H/10\,000$且≤80 mm					
6		垂直度	层高≤6 m　10 mm	10				
			层高>6 m　12 mm					
7		表面平整度	8 mm	10				
8		截面尺寸（梁、柱、墙）	[−5,+10] mm	10				
9		楼板厚度	[−5,+10] mm	10				
10		顶板水平度	[0,+15] mm	8				

续附表 B.1.2

序号	检查项目		应得分	判定结果 100%	判定结果 70%	判定结果 0	实得分	评分描述
1	预制墙板的长宽高	[-4,+4] mm	5					
2	标高	柱、梁、墙板、楼板底面或顶面±5 mm	10					
3	楼板、梁、柱、桁架梁长度	<12 m ±5 mm；≥12 m 且<18 m ±10 mm；≥18 m ±20 mm	10					
4	预留插筋外露长度	[-5,+10] mm	15					
5	表面平整度	楼板、梁、柱、墙板内表面[0,5] mm；墙板外表面[0,3] mm	15					
6	预埋板与混凝土面平面高差	[0,-5] mm	15					
7	构件柱、墙板垂直度	高度≤6 m [0,5] mm	15					
8		高度>6 m [0,10] mm	15					
9	梁、板构件搁置长度	±10 mm	15					

装配式结构（100分）

续附表 B.1.2

序号	检查项目	应得分	判定结果			实得分	评分描述
			100%	70%	0		
	合计得分		100				

核查结果：允许偏差项目分值 30 分。

$$混凝土结构工程允许偏差得分 = \frac{实得分合计}{应得分合计} \times 30 =$$

评价人员：　　　　　　年　月　日

· 44 ·

附表 B.1.3　混凝土结构工程观感质量项目及评分表

工程名称			建设单位				
施工单位			评价单位				
序号	检查项目		应得分	判定结果			实得分	评分描述
				100%	70%	0		
1	现浇结构	露筋	9					
2		裂缝	9					
3		连接部位缺陷	9					
4		蜂窝	7					
5		孔洞	7					
6		夹渣	7					
7		疏松	7					
8		外形缺陷	7					
9		外表缺陷	6					

续附表 B.1.3

序号		检查项目	应得分	判定结果			实得分	评分描述
				100%	70%	0		
10	装配式结构	预制构件外观质量	6					
11		构件连接质量	7					
12		灌浆基层处理	6					
13		预制外墙板拼缝灌浆质量	6					
14		预制外墙板渗漏	7					
		合计得分		100				
	观感质量项目分值 20 分。							
核查结果	混凝土结构工程观感质量得分 = $\dfrac{实得分合计}{应得分合计}$ ×20 =							
					评价人员：			
						年 月 日		

附表 B.2.1 钢结构工程质量记录项目及评分表

工程名称								
施工单位				建设单位				
				评价单位				
序号		检查项目	应得分	判定结果			实得分	评分描述
				100%	70%	0		
1	★性能检测	焊缝内部质量	30					
		高强度螺栓连接副紧固质量	10					
		防腐涂装	10					
		防火涂装						
2	材料合格证、进场验收记录及复试报告	钢筋、焊材、紧固连接件出厂合格证,进场验收记录,复试报告	15					
		加工工件出厂合格证(出厂检验报告)及进场验收记录						
		防火及防腐涂料材料出厂合格证,出厂检验报告,进场验收记录,耐火极限、涂层附着力试验报告						
3	施工记录	焊接施工记录	15					
		预拼装及构件吊装记录						
		网架结构屋面施工记录						
		高强度螺栓连接副施工记录						
		焊缝外观及焊缝尺寸检查记录						
		隐蔽工程验收记录						

续附表 B.2.1

序号	检查项目		应得分	判定结果			实得分	评分描述
				100%	70%	0		
4	施工试验	网架结构节点承载力试验记录	20					
		高强度螺栓预载力复验试验记录						
		最小荷载副扭矩试验报告，高强度大六角头螺栓连接副扭矩系数复验试验报告，摩擦面抗滑移系数检验报告						
		焊接工艺评定报告						
		金属屋面系统抗风能力试验报告						
	合计得分					100		

质量记录项目分值 50 分。

钢结构工程质量记录得分 = $\dfrac{实得分合计}{应得分合计}$ ×50 =

核查结果	

评价人员：   年   月   日

· 48 ·

附表 B.2.2 钢结构工程允许偏差项目及评分表

工程名称			建设单位				
施工单位			评价单位				

序号	检查项目	应得分	判定结果			实得分	评分描述
			100%	70%	0		
1	对接焊缝错边高度（一、二级焊缝错边高度应小于接头较薄件母材厚度的 0.1，且不大于 2 mm；三级焊缝错边高度应小于接头较薄件母材厚度的 0.15，且不大于 3 mm）	10					
2	柱脚底座中心线对定位轴线偏移或支座锚栓偏移 5 mm	10					
3	结构尺寸	单层结构整体垂直度 $H/1\,000$，且 ≤ 50 mm	15					
	多层结构整体垂直度（$H/2\,500+10$），且 ≤ 50 mm	15					
4	钢管结构	主体结构整体平面弯曲 $L/1\,500$，且 ≤ 50 mm	20					
	总拼完成后挠度值 ≤ 1.15 倍设计值						
	屋面工程完成后挠度值 ≤ 1.15 倍设计值						
5	高强度螺栓扩孔直径（扩孔后的孔径不应超过 $1.2d$）	10					

序号	检查项目	应得分	判定结果			实得分	评分描述
			100%	70%	0		
6	涂层干漆膜总厚度 （当设计对涂层厚度无要求时，涂层干漆膜总厚度：室外应为 150 μm，室内应为 125 μm，其允许偏差为 −25 μm）	10					
7	防火涂料涂层厚度 （薄涂型防火涂料的涂层厚度应符合有关耐火极限的设计要求，且不应小于 200 μm。厚涂型防火涂料的涂层厚度 80% 及以上应符合有关耐火极限的设计要求，且最薄处厚度不应低于设计要求的 85%）	10					
	合计得分			100			
核查结果	允许偏差项目分值 30 分。 钢结构工程允许偏差得分＝$\dfrac{实得分合计}{应得分合计}$×30＝						

评价人员：　　　　　　　　　年　月　日

附表 B.2.3 钢结构工程观感质量项目及评分表

工程名称			建设单位					
施工单位			评价单位					
序号	检查项目	应得分	判定结果			实得分	评分描述
			100%	70%	0		
1	焊缝外观质量	10					
2	普通紧固件连接外观质量	10					
3	高强度螺栓连接外观质量	10					
4	栓钉焊接质量	10					
5	主体钢结构构件表面质量	10					
6	钢网架结构表面质量	10					
7	压型金属板安装质量	10					
8	钢平台、钢梯、钢栏杆安装外观质量	10					
9	普通漆层表面质量	10					
10	防火漆层表面质量	10					
合计得分					100		
核查结果	观感质量项目分值 20 分。 钢结构工程观感质量得分 = $\dfrac{\text{实得分合计}}{\text{应得分合计}} \times 20 =$ 评价人员： 年 月 日						

·51·

附表 B.3.1 砌体结构工程质量记录项目及评分表

工程名称						建设单位				
施工单位						评价单位				
序号	检查项目		应得分	判定结果			实得分	评分描述		
				100%	70%	0				
1	★性能检测	砂浆强度	15							
		块体强度	15							
		混凝土强度	20							
2	材料合格证、进场验收记录及复试报告	水泥、砌块、预拌砌筑砂浆合格证、进场验收记录、水泥、砌块复试报告	15							
3	施工记录	构造柱、圈梁施工记录	15							
		砌筑砂浆使用施工记录								
		隐蔽工程验收记录								
4	施工试验	砂浆、混凝土配合比试验报告	20							
		砂浆、混凝土试件强度试验报告及强度评定								
		水平灰缝砂浆饱满度检测记录								
		填充墙砌体植锚筋锚固力检测记录								

续附表 B.3.1

序号	检查项目	应得分	判定结果			实得分	评分描述
			100%	70%	0		
	合计得分		100				
核查结果	质量记录项目分值 50 分。 砌体结构工程质量记录得分 = $\dfrac{实得分合计}{应得分合计}$ = $\dfrac{实得分合计}{应得分合计}$ ×50 = 评价人员：　　　　　　　　年　月　日						

附表 B.3.2 砌体结构工程允许偏差项目及评分表

工程名称								
施工单位				建设单位				
				评价单位				
序号	检查项目		允许偏差	应得分	判定结果		实得分	评分描述
					100%	70%	0		
1	过梁入墙长度		≥240 mm	15				
2	表面平整度	砖砌体、小砌块砌体	清水墙、柱	5 mm	20				
			混水墙、柱	8 mm					
		填充墙砌体		8 mm				
3	层高垂直度	砖砌体、小砌块砌体		5 mm	20			
		填充墙砌体	≤3 m,5 mm					
			>3 m,10 mm					
		配筋砌体（构造柱）		10 mm				

续附表 B.3.2

序号	检查项目	允许偏差	应得分	判定结果 100%	70%	0	实得分	评分描述
4	上下窗口偏移	20 mm	15					
5	外门窗洞口高、宽	[−10,10] mm	20					
6	导墙(坎台)设置及高度	≥150 mm	10					
	合计得分			100				
核查结果	允许偏差项目分值30分。 砌体结构工程允许偏差得分 $= \dfrac{实得分合计}{应得分合计} \times 30 =$							

评价人员：

年　月　日

附表 B.3.3 砌体结构工程观感质量项目及评分表

工程名称			建设单位				
施工单位			评价单位				
序号	检查项目	应得分	判定结果			实得分	评分描述
			100%	70%	0		
1	砌筑留槎	10					
2	砌筑墙体拉结筋锚固质量	10					
3	细部质量（灰缝、挂网等）	10					
4	过梁、压顶	10					
5	构造柱、圈梁	10					
6	砌体表面质量	10					
7	网状配筋及位置	10					
8	组合砌体及马牙槎拉结筋	10					
9	墙体开槽及封堵质量	10					
10	预留孔洞、预埋件	10					
	合计得分	100					
核查结果	观感质量项目分值20分。						

砌体结构工程观感质量得分 = $\dfrac{实得分合计}{应得分合计}$ ×20=

评价人员：

年　月　日

附表 C 屋面工程评分表

附表 C.0.1 屋面工程质量记录项目及评分表

工程名称				建设单位				
施工单位				评价单位				
序号		检查项目	应得分	判定结果			实得分	评分描述
				100%	70%	0		
1	★性能检测	屋面防水效果检查	25					
		保温层厚度测试	25					
2	材料合格证、进场验收记录及复试报告	瓦及板材等屋面材料合格证、进场验收记录	15					
		防水与密封材料合格证、进场验收记录及复试报告						
		保温材料合格证、进场验收记录及复试报告						
3	施工记录	保温层及基层施工记录	15					
		防水与密封工程施工记录、瓦面与板面施工记录						
		天沟、檐沟、泛水和变形缝等细部施工记录						

续附表 C.0.1

序号	检查项目		应得分	判定结果			实得分	评分描述
				100%	70%	0		
4	施工试验	保护层配合比试验报告、防水涂料、密封材料配合比试验报告	20					
		合计得分		100				
核查结果	质量记录项目分值50分。屋面工程质量记录得分 = $\dfrac{实得分合计}{应得分合计}$ ×50 =							
	评价人员：　　　　　　　　年　月　日							

· 58 ·

附表 C.0.2 屋面工程允许偏差项目及评分表

工程名称			建设单位				
施工单位			评价单位				
序号	检查项目		应得分	判定结果			实得分	评分描述
				100%	70%	0		
1	卷材与涂膜屋面	屋面及排水沟坡度符合设计要求	70					
		防水卷材搭接宽度的允许偏差为 -10 mm						
		涂料防水层平均厚度达到设计值，最小厚度不小于设计值的 80%						
	瓦面与板面屋面	压型板纵向搭接及泛水搭接长度、挑出墙面长度不小于 200 mm						
		脊瓦搭盖坡瓦宽度不小于 40 mm						
		瓦伸入天沟、檐沟、檐口的长度 50~70 mm						
	刚性屋面与隔热屋面	刚性防水层表面平整度 5 mm						
		架空屋面架空隔热制品距离周边墙不小于 250 mm						

续附表 C.0.2

序号	检查项目		应得分	判定结果			实得分	评分描述
				100%	70%	0		
2	细部构造	防水层伸入水落口杯长度不小于 50 mm	30					
		变形缝、女儿墙防水层立面泛水高度不小于 250 mm						
		高聚物改性沥青防水卷材搭接宽度不小于 80 mm（自粘）、100 mm（胶粘剂）						
	合计得分			100				
核查结果	允许偏差项目分值 15 分。 屋面工程允许偏差得分 = $\dfrac{\text{实得分合计}}{\text{应得分合计}} \times 15 =$ 评价人员：　　　　　　年　月　日							

· 60 ·

附表 C.0.3 屋面工程观感质量项目及评分表

工程名称			建设单位				
施工单位			评价单位				
序号	检查项目		应得分	判定结果			实得分	评分描述
				100%	70%	0		
1	卷材、涂膜屋面	卷材铺设质量	40					
		涂膜防水层质量						
		排气道设置质量						
		上人屋面面层铺设质量						
		防水收头处理						
		成品保护						
	瓦、板屋面	瓦与板材铺设质量						
	刚性、隔热等屋面	其他材料屋面铺设质量						

续附表 C.0.3

序号	检查项目		应得分	判定结果			实得分	评分描述
				100%	70%	0		
2	细部构造	变形缝防水施工质量	10					
		出屋面构筑物反坎	10					
		收水口洞质量	10					
		其他	10					
3	找坡层和找平层质量（露筋、裂缝）		10					
4	防水保护层质量		10					
	合计得分				100			
核查结果	观感质量项目分值 35 分。 屋面工程观感质量得分 = $\dfrac{实得分合计}{应得分合计}$ ×35=							
							评价人员： 年　月　日	

· 62 ·

附表 D 装饰装修工程评分表

附表 D.0.1 装饰装修工程质量记录项目及评分表

工程名称		建设单位						
施工单位		评价单位						
序号	检查项目		应得分	判定结果			实得分	评分描述
				100%	70%	0		
1	★性能检测	门窗、幕墙性能检测	10					
		防水试验	10					
		装饰吊挂件和埋件检验或拉拔试验	10					
		阻燃材料的阻燃试验	10					
		室内环境质量检测	10					
2	材料合格证、进场验收记录及复试报告	装饰装修、地面、门窗保温、阻燃防火材料合格证及进场验收记录、保温复试报告	15					
		幕墙的玻璃、石材、板材、结构材料合格证及进场验收记录						
		有环境质量要求的材料合格证、进场验收记录及复试报告						

续附表 D.0.1

序号	检查项目		应得分	判定结果			实得分	评分描述
				100%	70%	0		
3	施工记录	幕墙、外墙饰面砖（板）、预埋件及粘贴施工记录	15					
		门窗、吊顶、隔墙、地面、饰面砖（板）施工记录						
		抹灰、涂饰施工记录						
		隐蔽工程验收记录						
4	施工试验	有防水要求房间地面坡度检验记录	20					
		结构胶相容性试验报告						
		有关胶粘料配合比试验单						
	合计得分		100					
核查结果	质量记录项目分值 40 分。 装饰装修工程质量记录得分 = $\dfrac{实得分合计}{应得分合计} \times 40 =$ 评价人员：　　　　　　　　　　年　月　日							

· 64 ·

附表 D.0.2　装饰装修工程允许偏差项目及评分表

工程名称				建设单位					
施工单位				评价单位					
序号	检查项目		允许偏差/mm	应得分	判定结果			实得分	评分描述
					100%	70%	0		
1	墙面抹灰工程	立面垂直度	4	20					
		表面平整度	4						
		阴阳角方正度	4						
		顶棚水平度	10						
	门窗工程	门窗框正、侧面垂直度	3						
		双面窗内外框间距　钢门窗	5						
		其他	4						
2	幕墙工程	幕墙垂直度　H≤30 m	10	20					
		30 m<H≤60 m	15						
		60 m<H≤90 m	20						
		H>90 m	25						
3	地面工程	地面表面平整度	4	20					
4	吊顶工程	接缝　金属板	2	10					
		直线度　其他	3						

续附表 D.0.2

序号	检查项目		允许偏差/mm	应得分	判定结果			实得分	评分描述
					100%	70%	0		
5	内(外)墙饰面砖工程	表面平整度	3(4)						
		立面垂直度	2(3)	10					
		接缝直线度	2(3)						
6	细部工程	扶手高度	+6,0	10					
		栏杆间距	0,-6						
7	防水工程	防水高度不低于设计要求		5					
		防水厚度不低于设计要求		5					
	合计得分			100					
核查结果	允许偏差项目分值 20 分。 装饰装修工程允许偏差得分 = $\dfrac{实得分合计}{应得分合计}$ ×20 =								

评价人员:　　　　　　　年　月　日

注:H 为幕墙高度。

附表 D.0.3 装饰装修工程观感质量项目及评分表

工程名称				建设单位					
施工单位				评价单位					
序号	工程名称	检查项目	应得分	判定结果			实得分	评分描述	
				100%	70%	0			
1	地面	表面、分格缝、图案,有排水要求的地面的坡度,块材色差,不同材质分界缝	10						
2	墙面抹灰饰面板(砖)	表面、护角,阴阳角,分隔缝,滴水线槽排砖,表面质量,勾缝嵌缝,细部、边角	10						
3	门窗	安装固定、配件、位置,构造,玻璃质量,开启及密封	10						
	幕墙	主要构件外观,节点做法,玻璃质量、固定,打胶,配件,开启密闭							
4	吊顶	图案、颜色,灯具设备安装位置,交接缝处理,吊杆龙骨外观	10						
5	轻质隔墙	位置,墙面平整,连接件,接缝处理	10						
6	涂饰工程、裱糊与软包	表面质量,分色规矩、色泽协调端正,边框,拼角,接缝,平整,对花规矩	10						
7	细部工程	柜、盒,护栏、栏杆,花式等安装、固定和表面质量	10						

续附表 D.0.3

序号	检查项目		应得分	判定结果			实得分	评分描述
				100%	70%	0		
8	外檐观感	室外墙面、大角、墙面横竖线（角）及滴水槽（线）、散水、台阶、雨罩、变形缝和泛水等	10					
9	室内观感	地面、墙面、墙面砖、顶棚、涂料、饰物、线条及不同做法的交接过渡、变形缝等	10					
10	防水工程	砂浆防水层质量、外墙孔洞封堵、防水基层处理、门槛石防水、卫生间止水反坎、涂膜防水层质量	10					
	合计得分			100				
核查结果	观感质量项目分值 40 分。装饰装修工程观感质量得分 = $\dfrac{\text{实得分合计}}{\text{应得分合计}} \times 40 =$							

评价人员：　　　　　　　　年　月　日

· 68 ·

附表 E 安装工程评分表

附表 E.1.1 给水排水及供暖工程质量记录项目及评分表

工程名称				建设单位				
施工单位				评价单位				
序号	检查项目		应得分	判定结果			实得分	评分描述
				100%	70%	0		
1	性能检测	★承压管道、消防管道设备系统水压试验	20					
		★非承压管道和设备灌水试验，排水干管管道通球、系统通水试验，卫生器具满水试验	10					
		★消防给水及消火栓系统功能试验	10					
		敞口水箱、消防水池（箱）的满水试验，密闭水箱的水压试验	10					
		锅炉系统、散热器压力试验、系统调试、试运行，安全阀系统测试	10					
2	★材料、设备合格证，进场验收记录及复试报告		20					

·69·

续附表 E.1.1

序号	检查项目		应得分	判定结果			实得分	评分描述
				100%	70%	0		
3	施工记录	主要管道施工及管道穿墙、穿楼板套管安装施工记录	10					
		补偿器预拉伸记录						
		给水管道冲洗、消毒记录						
		隐蔽工程验收记录						
4	施工试验	管道阀门、设备强度和严密性试验	10					
		水泵安装试运转						
	合计得分					100		
核查结果	质量记录项目分值50分。 给水排水及供暖工程质量记录得分 = $\dfrac{实得分合计}{应得分合计}$ ×50 = 评价人员： 年 月 日							

·70·

附表 E.1.2 给水排水及供暖工程允许偏差项目及评分表

工程名称		建设单位						
施工单位		评价单位						
序号	检查项目	应得分	判定结果			实得分	评分描述	
			100%	70%	0			
1	管道坡度: 给水管为 2‰~5‰ 排水管铸铁管为 5‰~35‰,排水管塑料管为 4‰~25‰ 供暖管汽水同向为不小于 3‰,汽水逆向为不小于5‰,散热器支管为 1‰。坡向利于排水	50						
2	排水通气管应高出屋面 300 mm	15						
3	箱式消火栓安装位置: 高度允许偏差为±15 mm 垂直度允许偏差为 3 mm	15						
4	卫生器具,淋浴器安装高度偏差为±15 mm	20						
	合计得分	100						
核查结果	允许偏差项目分值 15 分。							

给水排水及供暖工程允许偏差得分 = $\dfrac{\text{实得分合计}}{\text{应得分合计}}$ ×15 =

评价人员: 年 月 日

附表 E.1.3 给水排水及供暖工程观感质量项目及评分表

工程名称				建设单位			
施工单位				评价单位			
序号	检查项目	应得分	判定结果			实得分	评分描述
			100%	70%	0		
1	给水管道及配件安装	10					
2	排水管道及配件安装	10					
3	供暖管道及配件安装	10					
4	管道接口处理	5					
5	给水管道、排水管道、供暖管道支架安装	5					
6	卫生洁具及配件安装	10					
7	雨水管道及配件安装	5					
8	水泵和其他设备及配件安装	10					
9	消防给水及消火栓系统设施、管道及配件安装	10					
10	管道、支架及设备的防腐及保温	10					
11	有排水要求房间的排水口及地漏的设置	5					
12	管道穿墙、穿楼板接口处理及防火封堵	10					
	合计得分	100					
观感质量项目分值 35 分。							
核查结果	给水排水及供暖工程观感质量得分 = 实得分合计/应得分合计 ×35 =						
	评价人员： 年 月 日						

附表 E.2.1 电气工程质量记录项目及评分表

工程名称			建设单位					
施工单位			评价单位					
序号		检查项目	应得分	判定结果			实得分	评分描述
				100%	70%	0		
1	性能检测	接地装置、防雷装置的接地电阻测试及接地（等电位）联结导通性测试	10					
		照明全负荷试验	10					
		★大型灯具固定及悬吊装置过载测试	20					
		★电气设备空载试运行和负荷试运行试验	20					
2	★材料、设备合格证，进场验收记录		20					
3	施工记录	电气装置安装施工记录	10					
		隐蔽工程验收记录						
4	施工试验	导线、设备、元件、器具绝缘电阻测试记录	10					
		接地故障回路阻抗测试记录						
		合计得分	100					
核查结果	质量记录项目分值 50 分。							

电气工程质量记录得分 $=\dfrac{实得分合计}{应得分合计}\times 50=$

评价人员：　　　　　年　月　日

· 73 ·

附表 E.2.2 电气工程允许偏差项目及评分表

工程名称								
施工单位			建设单位					
			评价单位					
序号	检查项目	应得分	判定结果			实得分	评分描述
			100%	70%	0		
1	柜、屏、台、箱、盘安装垂直度允许偏差不大于 1.5‰，相互间接缝不应大于 2 mm，成列盘面偏差不应大于 5 mm	25					
2	支吊架安装：水平安装的支架间距宜为 1.5～3.0 m，垂直安装的支架间距不应大于 2 m	20					
3	开关位置距门框边缘的距离宜为 0.15～0.20 m，开关距地面高度 1.3 m；相同型号并安装在同一室内的开关安装高度一致，并列安装的拉线开关的相邻间距不小于 20 mm	30					

续附表 E.2.2

序号	检查项目	应得分	判定结果			实得分	评分描述
			100%	70%	0		
4	接地装置的焊接搭接长度： 1. 扁钢与扁钢搭接长度不应小于扁钢宽度的 2 倍，且应至少三面施焊； 2. 圆钢与圆钢搭接长度不应小于圆钢直径的 6 倍，且应双面施焊； 3. 圆钢与扁钢搭接长度不应小于圆钢直径的 6 倍，且应双面施焊； 4. 扁钢与钢管或扁钢与角钢焊接应紧贴角钢外侧两面，或紧贴 3/4 钢管表面，上下两侧施焊	25					
	合计得分	100					
核查结果	允许偏差项目分值 15 分。						

电气工程允许偏差得分 = $\dfrac{实得分合计}{应得分合计}$ ×15 =

评价人员： 年 月 日

附表 E.2.3 电气工程观感质量项目及评分表

工程名称			建设单位					
施工单位			评价单位					
序号	检查项目	应得分	判定结果			实得分	评分描述	
			100%	70%	0			
1	电线管、桥架、母线槽及其支吊架安装	10						
2	导线及电缆敷设（含回路标识）	10						
3	接地系统安装（含接地连接、等电位连接）	10						
4	开关、插座安装及接线	5						
5	灯具及其他用电器具安装及接线	5						
6	配电箱、柜安装及接线	10						
7	电气设备末端装置及各种电器线端子的安装	10						
8	防雷引下线及接闪器安装	10						
9	变配电室及电气竖井内干线敷设	10						
10	电气桥架、母线穿墙、穿楼板处	10						
11	消防应急照明和疏散指示系统	10						
	合计得分	100						
核查结果	观感质量项目分值 35 分。							

电气工程观感质量得分 = $\dfrac{\text{实得分合计}}{\text{应得分合计}} \times 35 =$

评价人员：　　　　　　　　　年　月　日

附表 E.3.1 通风与空调工程质量记录项目及评分表

工程名称				建设单位					
施工单位				评价单位					
序号	检查项目		应得分	判定结果			实得得分	评分描述	
				100%	70%	0			
1	性能检测	空调水管道系统水压试验	10						
		★通风管道严密性试验及风量、温度测试	20						
		通风、除尘系统联合试运转与调试	40						
		空调系统联合试运转与调试							
		制冷系统联合试运转与调试							
		净化空调系统联合试运转与调试、洁净度测试							
		★防排烟系统联合试运转与调试							
2	★材料、设备合格证、进场验收记录及复试报告		20						

续附表 E.3.1

序号	检查项目		应得分	判定结果			实得分	评分描述
				100%	70%	0		
3	施工记录	风管及其部件加工制作记录	10					
		风管系统、管道系统安装记录						
		空调设备、管道保温施工记录						
		防火阀、防排烟阀、防爆阀等装记录						
		水泵、风机、空气处理设备、空调机组、制冷设备等设备安装记录						
		隐蔽工程验收记录						
	合计得分			100				
核查结果	质量记录项目分值50分。 通风与空调工程质量记录得分 = $\dfrac{实得分合计}{应得分合计} \times 50 =$ 评价人员：　　　　　年　月　日							

· 78 ·

附表 E.3.2 通风与空调工程允许偏差项目及评分表

工程名称：

施工单位：

建设单位：

评价单位：

序号	检查项目	应得分	判定结果			实得分	评分描述
			100%	70%	0		
1	明装风管水平度的允许偏差为 3‰，总偏差不应大于 20 mm	15					
2	明装风管垂直度的允许偏差为 2‰，总偏差不应大于 20 mm	15					
3	垂直安装风管支吊架间距：金属风管支吊架间距不应大于 4 m，非金属风管支吊架间距不应大于 3 m	10					
4	水平安装风管支吊架间距：直径或边长不大于 400 mm 的金属风管支吊架间距不应大于 4 m；直径或边长大于 400 mm 的金属风管支吊架间距不应大于 3 m；直径不大于 400 mm 的螺旋风管支吊架间距不应大于 5 m；直径大于 400 mm 的螺旋风管支吊架间距不应大于 3.75 m；薄钢板法兰风管支吊架间距不应大于 3 m	10					

续附表 E.3.2

序号	检查项目	应得分	判定结果			实得分	评分描述
			100%	70%	0		
5	风口安装： 明装无吊顶风口,安装位置和标高允许偏差应为 10 mm 风口水平安装,水平度的允许偏差应为 3‰ 风口垂直安装,垂直度的允许偏差应为 2‰	15					
6	防火阀距墙表面的距离偏差不应大于 200 mm	15					
7	支、吊架离风口或插接管的距离不宜小于 200 mm	10					
8	交叉管的外壁或绝热层的间距不应小于 20 mm	10					
	合计得分			100			
核查结果	允许偏差项目分值 15 分。 通风与空调工程允许偏差得分 = 实得分合计/应得分合计 ×15 =						
			评价人员：			年 月 日	

· 80 ·

附表 E.3.3 通风与空调工程观感质量项目及评分表

工程名称			建设单位				
施工单位			评价单位				
序号	检查项目	应得分	判定结果			实得分	评分描述
			100%	70%	0		
1	风口的制作与安装	10					
2	风管支吊架的制作与安装	10					
3	风管及部件的安装	10					
4	金属管道的连接	10					
5	防烟、排烟系统部件的安装	10					
6	设备及配件安装	10					
7	管道与设备的连接	10					
8	空调水管道安装	10					
9	风管及管道穿楼穿墙处的防护套管及封堵	10					
10	风管、管道防腐及保温	10					
	合计得分	100					
核查结果	观感质量项目分值35分。						

通风与空调工程观感质量得分 = $\dfrac{实得分合计}{应得分合计}$ ×35 =

评价人员：

年　月　日

附表 E.4.1 电梯工程质量记录项目及评分表

工程名称				建设单位				
施工单位				评价单位				
序号		检查项目	应得分	判定结果			实得分	评分描述
				100%	70%	0		
1	性能检测	★电梯、自动扶梯、人行道电气装置接地、绝缘电阻测试	20					
		电力驱动、液压电梯安全保护测试、性能运行试验						
		自动扶梯、人行道自动停止运行测试、性能运行试验	20					
		★电力驱动电梯限速器安全钳联动试验、电梯层门与轿门试验						
		★液压电梯限速器安全钳联动试验、电梯层门与轿门试验	20					
		★自动扶梯、人行道性能试验						
2	材料、设备出厂合格证、进场验收记录和安装使用技术文件		20					

续附表 E.4.1

序号	检查项目		应得分	判定结果			实得分	评分描述
				100%	70%	0		
3	施工记录	动力电路和安全电路的电气原理图、液压系统图	10					
		机房、井道土建交接验收检查记录						
		设备零部件、电气装置安装施工记录						
		隐蔽工程验收记录						
		安装过程的设备、电气调整测试记录						
4	施工试验	整机空载、额定载荷、超载荷下运行试验记录	10					
	合计得分		100					
质量记录项目分值50分。								
核查结果	电梯工程质量记录得分 = $\dfrac{\text{实得分合计}}{\text{应得分合计}} \times 50 =$							
	评价人员：　　　　　年　月　日							

附表 E.4.2　电梯工程允许偏差项目及评分表

工程名称			建设单位				
施工单位			评价单位				
序号	检查项目		应得分	判定结果			实得分	评分描述
				100%	70%	0		
1	电梯	层门地坎至轿厢地坎之间水平距离	50					
		平层准确度						
2		自动扶梯、人行道扶手带的运行速度相对梯级、踏板或胶带的速度差	50					
	合计得分		100					
核查结果	允许偏差项目分值 15 分。		电梯工程允许偏差得分 = $\dfrac{实得分合计}{应得分合计} \times 15 =$					
			评价人员：　　　　　　年　月　日					

附表 E.4.3 电梯工程观感质量项目及评分表

工程名称					建设单位				
施工单位					评价单位				
序号		检查项目	应得分	判定结果			实得分	评分描述	
				100%	70%	0			
1	电力驱动、液压式电梯（100分）	外观	30						
		机房（如有）及相关设备安装	30						
		井道及相关设备安装	20						
		门系统和层站设施安装	20						
2	自动扶梯、人行道（100分）	外观	40						
		机房及相关设备安装	30						
		周边相关设施安装	30						
		合计得分	100						
核查结果	观感质量项目分值 35 分。								
	电梯工程观感质量得分 = $\dfrac{实得分合计}{应得分合计}$ ×35 =								
	评价人员：　　　　　　年　月　日								

注：电梯、自动扶梯、人行道应每台各单独评价。

附表 E.5.1 智能建筑工程质量记录项目及评分表

工程名称				建设单位				
施工单位				评价单位				
序号	检查项目		应得分	判定结果			实得分	评分描述
				100%	70%	0		
1	★性能检测	接地电阻测试	10					
		系统检测	20					
		系统集成检测	20					
2	材料、设备、软件合格证及进场验收记录		20					
3	施工记录	系统安装施工记录	10					
		隐蔽工程验收记录						
4	施工试验	硬件、软件产品设备测试记录	20					
		系统运行调试记录						
	合计得分		100					
核查结果	质量记录项目分值50分。 智能建筑工程质量记录得分 = $\dfrac{\text{实得分合计}}{\text{应得分合计}}$ ×50 = 　　　　　　　　　　　　　评价人员：　　　　　　年　月　日							

附表 E.5.2 智能建筑工程允许偏差项目及评分表

工程名称			建设单位					
施工单位			评价单位					
序号	检查项目	应得分	判定结果			实得分	评分描述	
			100%	70%	0			
1	柜机、机架安装垂直度偏差不应大于 3 mm	50						
2	桥架及线槽安装水平度不应大于 2 mm，垂直度不应大于 3 mm	50						
	合计得分	100						
核查结果	允许偏差项目分值 15 分。							

智能建筑工程允许偏差得分 = $\dfrac{实得分合计}{应得分合计}$ ×15 =

评价人员：　　　　　　　　年　　月　　日

附表 E.5.3 智能建筑工程观感质量项目及评分表

工程名称		建设单位					
施工单位		评价单位					
序号	检查项目	应得分	判定结果			实得分	评分描述
			100%	70%	0		
1	综合布线的线槽、线管安装	15					
2	桥架和缆线敷设质量	20					
3	电源及接地线安装	15					
4	机柜、机架和配线架安装	20					
5	模块、信息插座安装	10					
6	安防系统安装	10					
7	火灾自动报警及消防联动系统安装	10					
	合计得分	100					
核查结果	观感质量项目分值 35 分。 智能建筑工程观感质量得分 = $\dfrac{\text{实得分合计}}{\text{应得分合计}} \times 35 =$ 评价人员： 年 月 日						

· 88 ·

附表 F 建筑节能工程评分表

附表 F.0.1 建筑节能工程质量记录项目及评分表

工程名称							
施工单位		建设单位					
		评价单位					
序号	检查项目	应得分	判定结果			实得分	评分描述
			100%	70%	0		
1	★性能检测	外围护结构节能实体检验	20				
		外窗气密性现场实体检验	15				
		建筑设备系统节能性能检测	15				
2	材料合格证、进场验收记录及复试报告	墙体、地面、屋面保温材料合格证、进场验收记录及复试报告	15				
		幕墙、门窗玻璃、保温材料合格证、进场验收记录及复试报告					
		散热器、电气设备等设备性能合格证、进场验收记录及复试报告					

续附表 F.0.1

序号	检查项目		应得分	判定结果			实得分	评分描述
				100%	70%	0		
3	施工记录	墙体、地面、屋面保温层施工记录	15					
		外门窗框与墙体间缝隙封密封施工记录						
		幕墙保温施工记录						
		建筑设备系统安装记录						
		供暖系统试运转和调试记录						
		严密性测试记录						
		通风空调系统设备的单机试运转和调试记录						
		多联机空调系统的试运转和调试记录						
		隐蔽工程验收记录						
4	施工试验	墙面保温层后置锚固件拉拔试验报告	20					
		设备系统安装调试报告						
		节能检测、监测与控制系统可靠性能的调试报告						
		热源井抽水试验和回灌试验						
		储热敞口设备的满水试验和密闭设备的水压试验						

续附表 F.0.1

序号	检查项目	应得分	判定结果			实得分	评分描述
			100%	70%	0		
	合计得分		100				
核查结果	质量记录项目分值 50 分。 建筑节能工程质量记录得分 $= \dfrac{实得分合计}{应得分合计} \times 50 =$ 评价人员：　　　　　年　月　日						

附表 F.0.2 建筑节能工程允许偏差项目及评分表

工程名称		建设单位				
施工单位		评价单位				
序号	检查项目	应得分	判定结果			实得分	评分描述
			100%	70%	0		
1	墙体保温层厚度应大于或等于设计值的95%	30					
2	屋面：板状保温材料的负偏差不大于设计值的5%，且不得大于4 mm；纤维材料保温层：毡不得有负偏差，板负偏差不大于4%，且不得大于3 mm；喷涂硬泡聚氨酯不得有负偏差；现浇泡沫混凝土正负偏差均不超过5%，且不得大于5 mm	30					
3	地面保温层不应有负偏差	20					
4	砌筑保温墙灰缝饱满度应不低于80%	20					
合计得分			100				
核查结果	允许偏差项目分值20分。 建筑节能工程允许偏差得分 = $\dfrac{实得分合计}{应得分合计}$ ×20 =						

评价人员：　　　　　　　　　年　月　日

附表 F.0.3 建筑节能工程观感质量项目及评分表

工程名称				建设单位					
施工单位				评价单位					
序号		检查项目	应得分	判定结果			实得分	评分描述	
				100%	70%	0			
1	墙体外围护节能构造	基层质量	15						
		门窗洞口转角接缝质量							
		门窗洞口加强处理质量							
		转角部位锚栓质量							
		收头部位质量							
2	地面外围护节能构造	保温材料施工质量	15						
		保温板板特殊部位加强处理							
		与各类管道交接的保温措施							
3	屋面保温层节能构造	屋面冷热桥部位的保温隔热处理	15						
		板材拼缝质量							
4		门窗框固定、接缝密封、打胶、开闭	10						

续附表 F.0.3

序号	检查项目	应得分	判定结果			实得分	评分描述
			100%	70%	0		
5	幕墙保温材料铺设构造（外窗发泡胶塞缝和工艺质量）	10					
6	散热器、管线安装（保温绝热措施质量）	10					
7	风管、风机盘管、机组绝热措施质量（保温绝热措施质量）	10					
8	各种电器接线端子及接地线安装	10					
9	节能监控系统安装	5					
	合计得分	100					
核查结果	观感质量项目分值30分。 建筑节能工程观感质量得分 = $\dfrac{实得分合计}{应得分合计}$ ×30 = 评价人员： 年　月　日						

附表 G 工程质量管理标准化评分表

附表 G.1.1 质量行为标准化项目及评分表

序号	检查项目	评分方式	应得分	实得分
1	建设单位质量保证体系建立健全情况	核查参建方人员配备数量，持证上岗	3	
2	监理单位质量保证体系建立健全情况		5	
3	施工单位质量保证体系建立健全情况		5	
4	分包单位质量保证体系建立健全情况	查阅资料	5	
5	分包单位的管理情况	查阅资料	3	
6	★质量管理标准化制度制定情况	制度齐全、标牌公示	6	
7	★专项方案及绿色施工方案的编制情况	结合工程特点，图文并茂	6	
8	★图纸会审及设计交底组织情况	查阅资料	5	
9	★按照通过审查的施工图纸及设计文件进行施工情况	查阅资料	5	
10	★设计变更文件程序执行情况及重大设计变更图审情况	查阅资料	5	
11	★项目经理执业资格	查阅资料	5	

续附表 G.1.1

序号	检查项目	评分方式	应得分	实得分
12	项目经理带班履职情况	查阅资料	5	
13	★总监理工程师执业资格	查阅资料	5	
14	总监理工程师带班履职情况	查阅资料	5	
15	监理单位旁站、巡视和平行检验情况	查阅资料	6	
16	信息化技术实施情况	查阅资料	5	
17	原材料进场检验情况	查阅资料	5	
18	检测试验计划编制情况	查阅资料	4	
19	工序交接记录情况	查阅资料	4	
20	隐蔽验收记录情况	查阅资料	4	
21	工程质量控制资料真实完整情况	查阅资料	4	
	合计得分		100	
核查结果	质量行为标准化项目分值 40 分。 质量行为标准化得分 $= \dfrac{实得分合计}{应得分合计} \times 40 =$			

评价人员：　　　　　年　月　日

附表 G.2.1 标示（识）标牌项目及评分表

序号	检查项目	评分方式	应得分	实得分
1	★现场显著位置公示牌	现场查看，每项扣2分	12	
2	主入口图牌	现场查看，每项扣2分	12	
3	办公区图牌	现场查看，每处扣2分	10	
4	各区质量标示（识）标牌	现场查看，每处扣2分	12	
5	★讲评台及质量技术培训	现场查看和查阅资料，每份扣1分	10	
6	人员工牌	现场查看，每人扣1分	10	
7	材料标识牌	现场查看，每处扣1分	12	
8	施工工序牌	现场查看，每处扣2分	10	
9	★施工现场标准规范配备	现场查看和查阅资料，每份扣1分	12	
	合计得分		100	
核查结果	标示（识）标牌项目分值5分。			

标示（识）标牌得分 = $\dfrac{\text{实得分合计}}{\text{应得分合计}} \times 5 =$

评价人员：　　　　　　年　月　日

附表 G.2.2 材料样品库和材料分类堆放项目及评分表

序号	检查项目	评分方式	应得分	实得分
1	★材料样品间设置	现场查看和查阅资料,每项(处)扣2分	18	
2	展示要求	现场查看和查阅资料,每项(处)扣3分	16	
3	材料样品封样	现场查看和查阅资料,每项扣2分	24	
4	材料样品展示内容	现场查看和查阅资料,每项扣1分	15	
5	材料堆放场地要求	现场查看和查阅资料,每项扣3分	6	
6	材料分类堆放要求	现场查看,每处扣3分	21	
	合计得分		100	
核查结果	材料样品库和材料分类堆放项目分值10分。 材料样品库和材料分类堆放得分 = $\dfrac{实得分合计}{应得分合计} \times 10 =$			

评价人员:　　　　　　　　年　月　日

附表 G.2.3 图片样板示范项目及评分表

序号	检查项目	评分方式	应得分	实得分
1	样板区策划	查阅资料	10	
2	★样板区实施	查阅资料和现场查看	80	
3	样板区形象	现场查看	10	
	合计得分		100	
核查结果	图片样板示范项目分值5分。 图片样板示范得分 = $\dfrac{实得分合计}{应得分合计} \times 5 =$			

评价人员:　　　　　　　　年　月　日

附表 G.2.4 实物样板示范项目及评分表

序号	检查项目	评分方式	应得分	实得分
1	样板区策划	查阅资料	25	
2	★样板区实施	查阅资料和现场查看	50	
3	样板区验收	查阅资料和现场查看	15	
4	样板区形象	现场查看	10	
	合计得分		100	
核查结果	实物样板示范项目分值 15 分。 实物样板示范得分 $= \dfrac{实得分合计}{应得分合计} \times 15 =$ 评价人员：　　　　　年　月　日			

附表 G.2.5 工程样板示范项目及评分表

序号	检查项目	评分方式	应得分	实得分
1	样板方案	查阅资料	10	
2	★样板实施	查阅资料和现场查看	60	
3	样板验收	查阅资料和现场查看	15	
4	样板形象	现场查看	15	
	合计得分		100	
核查结果	工程样板示范项目分值 15 分。 工程样板示范得分 $= \dfrac{实得分合计}{应得分合计} \times 15 =$ 评价人员：　　　　　年　月　日			

附表 G.2.6 工程检测标准化项目及评分表

序号	检查项目	评分方式	应得分	实得分
1	行为评价	查阅资料和现场查看	30	
2	★安全性检测评价	查阅检测报告	35	
3	功能性检测评价	查阅检测报告	25	
4	环境检测评价	查阅检测报告	10	
	合计得分		100	
核查结果	工程检测标准化项目分值10分。$$工程检测标准化得分=\frac{实得分合计}{应得分合计}\times10=$$ 评价人员： 年 月 日			

附表 H 建筑工程施工质量评价表

附表 H.0.1 施工过程质量核查评分及评价结论表

工程名称		
施工单位		建设单位
监理单位		设计单位
分部或子分部		评价单位

评价批次	序号	评价项目	权重	应得分	实得分	合计得分
1	1					
	2					
	3					
	…					
2	1					
	2					
	3					
	…					
…						

续附表 H.0.1

评分结果	分部或子分部得分 $= \dfrac{\sum 批次评价得分}{评价批次数} =$		
评价结果			
建设单位意见	施工单位意见	监理单位意见	评价机构意见
项目负责人：	项目负责人：	总监理工程师：	评价人员：
(公章)　　　年　月　日	(公章)　　　年　月　日	(公章)　　　年　月　日	(公章)　　　年　月　日

附表 H.0.2 单位工程整体质量核查评分及评价结论表

工程名称			建设单位						
施工单位			设计单位						
监理单位			评价单位						

核查评分汇总

序号	评价项目 工程部分	地基与 基础工程	主体结 构工程	屋面 工程	装饰装 修工程	安装工程					建筑节 能工程	工程质量 管理 标准化
						建筑给水排水 及供暖工程	建筑电 气工程	通风与空 调工程	电梯 工程	智能建 筑工程		
1	质量记录											/
2	允许偏差											/
3	观感质量											/
	分部工程 评分											
	分部工程 等级评定											
	权重											

·103·

续附表 H.0.2

附加分		
结构工程综合评分	结构工程综合评分 $= P_s/0.4$	
结构工程评价结论		
单位工程综合评分		
单位工程评价结论		

建设单位意见	施工单位意见	监理单位意见	评价机构意见
项目负责人： （公章） 年　月　日	项目负责人： （公章） 年　月　日	总监理工程师： （公章） 年　月　日	评价人员： （公章） 年　月　日

本标准用词说明

1 为便于在执行本标准条文时区别对待,对要求严格程度不同的用词说明如下:

1)表示很严格,非这样做不可的:

正面词采用"必须",反面词采用"严禁"。

2)表示严格,在正常情况下均应这样做的:

正面词采用"应",反面词采用"不应"或"不得"。

3)表示允许稍有选择,在条件许可时首先应这样做的:

正面词采用"宜",反面词采用"不宜"。

4)表示有选择,在一定条件下可以这样做的,采用"可"。

2 条文中指明应按其他有关标准执行的写法为:"应符合……的规定"或"应按……执行"。

引用标准名录

1 《建筑工程施工质量验收统一标准》GB 50300
2 《建筑地基基础工程施工质量验收标准》GB 50202
3 《砌体结构工程施工质量验收规范》GB 50203
4 《混凝土结构工程施工质量验收规范》GB 50204
5 《钢结构工程施工质量验收标准》GB 50205
6 《屋面工程质量验收规范》GB 50207
7 《地下防水工程质量验收规范》GB 50208
8 《建筑装饰装修工程质量验收标准》GB 50210
9 《建筑给水排水及采暖工程施工质量验收规范》GB 50242
10 《通风与空调工程施工质量验收规范》GB 50243
11 《建筑电气工程施工质量验收规范》GB 50303
12 《电梯工程施工质量验收规范》GB 50310
13 《智能建筑工程质量验收规范》GB 50339
14 《建筑节能工程施工质量验收标准》GB 50411
15 《火灾自动报警系统施工及验收标准》GB 50166
16 《自动喷水灭火系统施工及验收规范》GB 50261
17 《消防给水及消火栓系统技术规范》GB 50974
18 《建筑防烟排烟系统技术标准》GB 51251
19 《建筑工程施工质量评价标准》GB/T 50375
20 《房屋建筑工程质量管理标准化规程》DBJ41/T 196

河南省工程建设标准

河南省建筑工程施工质量评价标准

DBJ41/T 257−2021

条 文 说 明

目　次

1 总　则

1.0.1 工程质量关系着人民生命财产安全和社会稳定,达不到合格的工程就不能交付使用,现行建筑工程施工质量验收规范规定了质量合格标准。但目前施工单位的管理水平、技术水平差距较大,有的企业在工程达到合格之后,为了提高企业的竞争力和管理水平,还要将工程质量水平再提高。也有些建设单位根据本单位的情况,要求高水平的工程质量。本标准的编制就是为了给提高施工质量提供一个统一方法和标准,以增加建设单位与施工单位的协调性,增强施工单位之间创优良工程质量的可比性。同时为各省、市和有关协会创建优质工程提供一个评价基础,以便相互之间有一定的可比性。同时,也是激励创优机制,为优质工程优质优价提供条件,也是为推动工程质量整体水平提高创造条件。

　　工程质量评价的方法是通过抽查核验其质量水平,从结构安全、使用功能、建筑节能等综合效果的质量指标方面来评价,提高达到标准的符合率,更好地促进验收规范的贯彻落实。

1.0.2 本标准适用于河南省内新建、改建、扩建等民用建筑工程施工质量评价,即按现行国家标准《建筑工程施工质量验收统一标准》GB 50300 及其配套的各专业工程质量验收规范进行工程质量评价。现行国家标准专业工程质量验收规范包括:《建筑工程施工质量验收统一标准》GB 50300、《建筑地基基础工程施工质量验收标准》GB 50202、《砌体结构工程施工质量验收规范》GB 50203、《混凝土结构工程施工质量验收规范》GB 50204、《钢结构工程施工质量验收标准》GB 50205、《木结构工程施工质量验收规范》GB 50206、《屋面工程质量验收规范》GB 50207、《地下防水工程质量验收规范》GB 50208、《建筑地面工程施工质量验收规范》GB 50209、《建筑装饰装修工程质量验收标准》GB 50210、《建筑给水排水及采暖工程施工质量验收规范》GB 50242、《通风与空调工程施工质量验收规范》GB 50243、《建筑电气工程施工质量验收规范》GB 50303、《电梯工程施工质量验收规范》GB 50310、《智能建筑工程质量验收规范》GB 50339、《建筑节能工程施工质量验收标准》GB 50411、《火灾自动报警系统施工及验收标准》GB 50166、《自动喷水灭火系统施工及验收规范》GB 50261、《消防给水及消火栓系统技术规范》GB 50974、《建筑防烟排烟系统技术标准》GB 51251、《建筑工程施工质量评价标准》GB/T 50375、《房屋建筑工程质量管理标准化规程》DBJ41/T 196 等。

1.0.3 建筑工程施工质量评价,除执行本标准规定外,很多具体质量要求还应符合国家及我省现行的有关标准的规定。

2 术 语

2.0.5 本条参考河南省工程建设地方标准《房屋建筑工程质量管理标准化规程》DBJ41/T 196。

2.0.6 本标准在现行国家标准《建筑工程施工质量评价标准》GB/T 50375 的基础上增加"工程质量管理标准化"评价内容,评价等级的定义也做相应的调整。

3 基本规定

3.1 一般规定

3.1.1 建筑工程施工质量评价,应实施质量目标管理,建立健全质量管理体系,从技术、管理、组织、协调等方面采取措施,保证质量目标的实现。创优良工程要事前制定质量目标,明确质量责任,按照事前、事中、事后对工程质量全面管理和控制,通过管理随时发现不足随时改正,包括工程质量和管理能力,体现企业质量保证能力和持续改进能力,有效提高实体工程质量。

3.1.2 根据工程的特点,强调工程质量管理的过程控制,重点对原材料、构配件、设备的质量控制;对施工工序的管理,针对工程实际,制定有效的施工操作措施、技术规程、专项方案,作为控制施工工序过程的控制手段和操作依据。工程质量验收,加强工程竣工检测,用科学的数据来说明工程质量,并对施工过程做出真实的记录,包括质量管理、质量控制、质量保证和质量验收记录等,作为工程质量验收评价的依据。

3.1.3 在工程质量验收中,突出检验批质量的验收,检验批是质量控制的关键,各检验批质量有了保证,整个工程质量就有了保证。不符合要求的,返工补救等都相对方便。现行国家标准《建筑工程施工质量验收统一标准》GB 50300 为了落实过程控制,规定检验批验收,首先施工单位要加强控制,工序施工做好施工记录,检验批检查评定要做好现场检查原始记录,然后交监理单位验收,来落实施工单位质量控制责任。

3.1.4 施工质量评价是在现行国家标准《建筑工程施工质量验收统一标准》GB 50300 及其配套标准的基础上,对结构安全、使用功能、建筑节能等进行综合核查其施工质量水平,根据评价结果,确定达到本标准不同的评价等级。结合我省房屋建筑工程质量管理标准化规程要求,把工程质量管理标准化融入到施工管理全过程,本标准把工程质量管理标准化作为建筑工程施工质量评价的要素之一。

3.1.5 建筑工程施工质量评价可随着施工进度,在各分部、子分部工程完工后进行,分别填写各分部、子分部的评价表格。各分部、子分部工程质量应根据国家现行相关验收标准规定,做好施工过程与成品质量控制。

3.1.6~3.1.7 单位工程整体质量评价是在单位工程全部完工的基础上进行的,施工过程质量评价是根据施工进度,在各分部、子分部工程施工过程中同步进行的。这也是本标准与现行国家标准《建筑工程施工质量评价标准》GB/T 50375 的主要区别,引入"过程评价",鼓励建设工程各参建单位在施工过程中实施评价,把评价工作从"事后"的结果评价,延伸至"事中"的过程评价,引导各参建单位加强过程施工质量管理。

施工过程质量评价区别于单位工程整体质量评价,只针对完工时的初始质量状态进行,不考虑整改后的质量提升。

3.2 评价体系

3.2.1 工程质量评价按建筑工程的特点,根据其内容分为七个部分。

3.2.2 按七个评价部分在建筑工程中占的工作量大小及重要程度规定其权重,用评分的方法来评价工程总体质量情况,并列出各评价部分的权重(见表3.2.2)。

评价部分中有的包括内容较多,如主体结构工程,有混凝土结构、砌体结构、钢结构、钢管混凝土结构、型钢混凝土结构、铝合金结构和木结构等;安装工程有建筑给水排水及供暖工程、通风与空调工程、建筑电气工程、智能建筑工程、电梯工程等。其权重可按所占工作量大小及重要性来确定,且权重应为整数,以方便计算。

评价体系中,为了突出重点,只将常用的内容列出,对一些不常用的子分部工程没有列出。主体结构中的钢管混凝土结构、型钢混凝土结构、铝合金结构、木结构等,暂未列出评价内容,在实际评价中如有,可自行制订专项质量评价的内容进行评价。

工程质量管理标准化覆盖工程从开工到竣工验收备案的全过程,综合其工作量大小及重要程度后,规定其权重。

3.2.3 性能检测的结果是质量记录的组成部分,因此本标准在现行国家标准《建筑工程施工质量评价标准》GB/T 50375 的基础上,把质量记录与性能检测合并为质量记录,每个评价部分由三个评价项目分别评价各部分的质量情况。每个评价部分的三个评价项目又分别给出了分值,来确定每个项目的质量情况。

3.2.4 工程质量管理标准化,是依据有关法律、法规和工程建设标准,对工程参建各方主体的质量行为和工程实体质量控制实行的规范化管理活动。其核心内容是质量行为标准化和工程实体质量控制标准化。

质量行为标准化的评价主要包括人员管理、技术管理、材料管理、分包管理、施工管理、资料管理和验收管理标准化等方面的内容。

工程实体质量控制标准化的评价主要包括施工过程控制、标示(识)标牌制作、材料样品库和材料分类堆放、图片样板示范、实物样板示范、工程样板示范、工程检测标准化等方面的内容。

3.2.5 每个评价项目所包括的具体核查内容,按其所占工作量的大小及重要性,给出相应的分值。关键项以★标注,关键项的评定结果满足要求,则按照具体的评价方法进行评分,若关键项的评定结果不满足要求,则不再对该评价部分进行评分。

3.2.6 施工过程中,对各个评价分部的过程评价,频次不应低于一次。

3.2.7 评价过程中,为保证评价结果的准确性,明确了现场测区抽选的基本原则。

3.2.8 为便于对单位工程的不同分部工程质量情况进行分类评价,本条增加施工过程质量评价,并规定了评价等级的划分标准。

3.3 评价方法

3.3.1 规定了抽样数量针对的工程建筑规模,以及评价测区抽选数量选取规则。评价测区不满足最低抽选数量要求的,应全数抽取。

3.3.2 规定了测区抽样时应满足的工程进度要求。工程进度不满足最低进度要求的,应根据评价测区的检查项目和抽选数量,并结合现场实际情况确定。

3.3.3 规定了质量记录的评价方法。质量记录统一分为性能检测,材料、设备合格证、进场验收记录、有要求的复试报告,施工记录,施工试验等四部分。

对施工试验资料在性能检测项目中核查的,质量记录不再核查。

3.3.4 规定了允许偏差的评价方法。允许偏差只是抽查。

3.3.5 规定了观感质量的评价方法。在现行国家标准《建筑工程施工质量验收统一标准》GB 50300 及其相关配套的各专业系列质量验收规范规定"好""一般"的评定点基础上按"好"的点达到的比重来评价。

3.3.6 规定了质量行为标准化的评价方法。

3.3.7 规定了工程实体质量控制标准化的评价方法。

这里讲的评价方法,就是在具体项目评价中,没有特殊情况的按本规定执行,有特殊情况的,在具体条文中列出,按其具体条文评价。

本标准的评价是在分部、子分部工程具备评价条件的基础上进行抽查核查,不是全面逐条检查。

4 地基与基础工程质量评价

4.1 质量记录

4.1.1 规定了地基与基础工程质量记录评价项目及评分表。关键项目的性能检测代表了该分部的总体质量水平,是评价标准的重要部分。关键项的评定结果是满足或者不满足,对于关键项目出现判定结果不满足的,该评价部分不再进行下一步评价。

材料合格证、进场验收记录及复试报告,施工记录,施工试验三个部分的评价,评价项目按基本方法来进行核查。

4.1.2 规定了地基与基础工程的质量记录评价方法。

4.2 允许偏差

4.2.1 规定了地基与基础工程的允许偏差评价项目及评价表。允许偏差不是全面核查,只是抽查可测到的一些项目,原则上就按表列出的项目检查,主要是体现施工操作的水平。

检查达到标准的符合率,对达不到标准允许值的按现行国家标准《建筑工程施工质量验收统一标准》GB 50300 及相关配套的各专业质量验收规范执行,规范没有明确规定时,其最大值宜控制在 1.5 倍的允许值内。

4.2.2 本条规定了地基与基础工程允许偏差的评价方法。

10 工程质量管理标准化评价

10.1.1 质量行为标准化评价中,有违反国家法律、法规和工程建设强制性标准的,可一票否决。

质量行为标准化评价表中,带★的条款为否决项,如该项目得零分,可取消该工程评选资格。

11 施工质量综合评价

11.1 一般规定

11.1.1 建筑工程质量评价遵照现行国家标准《建筑工程施工质量验收统一标准》GB 50300 规定,按照地基与基础工程、主体结构工程、屋面工程、装饰装修工程、安装工程(含 5 个子分部)、建筑节能工程和工程质量管理标准化分别进行评价,再进行结构工程质量、单位工程整体质量评价。

11.2 结构工程质量评价

11.2.1 规定了结构工程质量评价包括地基与基础工程和主体结构工程两个部分。

11.2.2 规定了结构工程质量核查评分的计算公式。

11.2.3 规定了结构工程质量评价结果的评价方法。

例:有一工程的地基与基础工程评价结果为 C,主体结构工程评价结果为 A,则该工程的结构工程评价结果为 B。

11.2.4 规定了结构工程中包括混凝土结构、钢结构和砌体结构三项内容。对钢管混凝土结构、型钢混凝土结构、铝合金结构、木结构,由于目前使用较少,暂未列出。一般情况下,权重取整数。

例:有一主体结构中有混凝土结构、钢结构及砌体结构三种结构的工程。其中,混凝土结构工程量占 70%,钢结构工程量占 15%,砌体结构工程量占 15%,按本标准 3.2.2 条的规定,主体结构工程权重占 30%。当砌体结构为填充墙时,其权重为 8%,各项目的权重分配为混凝土结构工程占 22%,钢结构工程占 5%,砌体结构工程占 3%。

11.3 单位工程整体质量评价

11.3.1 规定了单位工程整体质量评价的内容,包括结构工程(地基与基础工程和主体结构工程)、屋面工程、装饰装修工程、安装工程、建筑节能工程和工程质量管理标准化。

11.3.2 规定了单位工程评价时,凡符合本条规定加分规定的直接加分,每一奖项加分只限一次,最多加2分。

11.3.3 规定了单位工程整体质量核查评分的计算公式。

11.3.4 规定了安装工程中包括5项安装内容,其评价分值的分配方法。当安装项目不包含全部项目时可按照比例进行调整,权重总值仍为20%,且各项应为整数,以方便计算。

11.3.5 规定了工程质量管理标准化中包括2项评价项目,其评价分值的分配方法。

11.3.6 提供了单位工程评价评分汇总表。可以分析评价单位工程整体质量水平、评价工程部位的质量水平。

工程评价:主要说明本工程的评价依据、评价方法、评价人员、评价过程、评价结果(分值)。

评价结论:主要明确该工程达到的评价等级。

按表中要求各单位签字、盖章。